烹饪食材圣经

THE COOK'S BIBLE OF INGREDIENTS

[英] 玛格丽特·布洛克　著

李双琦　译

中国轻工业出版社

图书在版编目（CIP）数据

烹饪食材圣经 /（英）玛格丽特·布洛克（Margaret Brooker）著；李双琦译. —北京：中国轻工业出版社，2019.3

ISBN 978-7-5184-2050-6

Ⅰ.①烹… Ⅱ.①玛… ②李… Ⅲ.①烹饪—原料—基本知识 Ⅳ.①TS972.111

中国版本图书馆CIP数据核字（2018）第168714号

责任编辑：史祖福　方晓艳　　责任终审：唐是雯　　整体设计：锋尚设计

策划编辑：史祖福　　　　　　责任校对：李　靖　　责任监印：张　可

出版发行：中国轻工业出版社（北京东长安街6号，邮编：100740）

印　　刷：北京富诚彩色印刷有限公司

经　　销：各地新华书店

版　　次：2019年3月第1版第1次印刷

开　　本：889×1194　1/16　印张：16.5

字　　数：320千字

书　　号：ISBN 978-7-5184-2050-6　定价：168.00元

邮购电话：010-65241695

发行电话：010-85119835　传真：85113293

网　　址：http://www.chlip.com.cn

Email：club@chlip.com.cn

如发现图书残缺请与我社邮购联系调换

161267S1X101ZYW

目　录

前　言

食材至关重要。作为食物的组成部分，食材的品质至关重要。不仅食材本身的质量要好，而且应该达到应有的标准。为了更好地使用食材，厨师需要了解食材的成分、属性，食材的气味、味道、质地和颜色，它与其他成分的相互作用，以及它如何对热量、空气、液体或酸产生反应，这都会影响最终效果。

随着现代食品运输和保存方法的出现，可供厨师们选择使用的食材越来越多，令人眼花缭乱。以前只能在其产地提供的食材，现在可以在遥远的市场出售。本书为厨师提供了更多范围内可选的食材及其知识。

《烹饪食材圣经》旨在帮助厨师认识和鉴别各种原料的显著特征。作为参考，在图片下方配有文字注释，这将有利于初学者以及更有经验的厨师学到更多的知识。任何一个人的疑问："这是什么菜？""它的味道是什么？"或者"如何使用它？"都将从本书中获得启发。

本书的食材范围是国际性的，无论是食材特征还是文字描述都适用于世界各地的厨师。食材的世界十分广阔，在众多的食物品种和类别中，有许多亚种和变种，在一本书中不可能把所有已知的食材都包含进去。然而，以列举一个类别的代表性食材的角度来说，本书是尽可能详尽的。

如此广泛选材势必有一定的篇幅限制。在这种限制下，本书最大限度、简洁而准确地提供对厨师有用的信息，适当地说明食材的性质、特殊质地、产地、命名的变化。风味是特别难以叙述的，味道如何，在本质上来说是主观的；因此叙述力求传达足够的客观印象，以使厨师判断一种食材是否合适。

本书内容以推荐膳食食物金字塔的顺序排列，从谷物和谷物制品，到蔬菜、水果、豆类、种子、乳制品和奶酪，肉类，家禽和鱼，香料和甜味剂。在每一章中，食材都是按照类型合理分类的。

　　在了解食材的同时，厨师也应该了解影响其品质的因素。一般来说，食材来源极其重要。就食材而言，新鲜是极为重要的，比如蔬菜、水果和鱼类，当地收获的食材到达市场的时间比从更远的地方运来的时间要少。在途中的时间少，意味着食材在收获的时候会更加成熟，并达到最佳的烹饪条件。

　　在自然环境中生长的食物通常更美味。在土壤中生长，而不是用水栽培，在阳光下成熟，而非温室成熟的水果和蔬菜，其味道更有深度。不喂食生长激素而散养的牲畜，其肉质口感风味更佳。因此，反季节生产的食物一定不是本地的，也一定不是自然生长的，相反，应季的食物总可能是更好的。

　　商品上如果没有详细的标签，购买者可能很难知道食材的生产地点。在当地农贸市场购物，以及信誉好且其员工熟知信息的食品店在一定程度上会避免这个问题。

　　在有优质食材提供和了解其显著属性的基础上，任何厨师都可以进入厨房，并自信地准备饭菜。《烹饪食材圣经》希望能够鼓励和激励厨师们去了解和探索食材的世界。

左侧　　市场总是提供当地最新鲜的季节性产品，以及不常见或有时很难找到的食材。

谷物和谷类食品

谷类食物是禾本科植物。 其生长的许多独立的干燥果实是谷物。某些谷物是可食用的。谷物作为最早的食物，在人类历史上具有极其重要的地位。体积小、耐储存的特点使其成为一种重要的生存食物。作为第一种被驯化栽培的植物，它是从游猎采集文明到农耕文明过渡的标志，奠定了人类文明的基础。到目前为止，谷物仍然是人类的基本食物，是世界上最重要的一类食品。

谷物作为一种植物的胚胎后代，可食用部分被包裹在种皮内，谷物是浓缩的营养元素的来源。它们含有蛋白质和碳水化合物，还含有脂肪。

但是，所有的谷物都缺乏一种或多种必需氨基酸，所以提供的是不完全蛋白质。

所有的谷物都有相同的基本结构。在统称为"麸皮"的具有保护性的纤维层下面是胚乳。胚乳占据了谷物的大部分的体积，储存了大部分的碳水化合物和蛋白质。在胚乳的底部，是富油胚或胚芽。两片麸皮和胚芽中含有B族维生素和矿物质。

我们主要食用煮熟的谷物。作为粮食，它们常常以粥的形式出现在我们的餐桌上，或磨成粉，揉成面团，做成面包。

尽管谷物有许多共同的特点，但是它们个体之间具有差异，导致了在传统上对其烹饪方式的不同。地理区域的不同，间接地导致一个区域和另一个区域主食谷物的不同。当地气候条件、产量和相对来说更好的烹饪品质的适应性，决定了谷物的分布，人们会将一个地区的谷物引入当地。

由于小麦有独特的蛋白质，它被视为最重要的谷类作物之一。小麦粉与水混合形成的面筋在压力下既有弹性又有伸展性。因为面筋能很好地延展来容纳由于酵母发酵产生的气体，所以它能使面包胀发（变得更大）。

伪谷物，非禾本科植物，因有与谷物类似的营养成分，而被栽培。

米

香米

一种细长的白香米，煮熟后米粒微黏。主要在泰国种植，这种米也是泰国首选的种植品种，也被称为泰国香米。

泰国黑米

黑色表皮的长粒大米，煮熟后，表皮的颜色会变成紫色。也称为黑糯米，在东南亚，通常用于制作糕点。

白色长粒米

完全去除米糠的长粒型稻米，煮熟后，粒粒分明，外观蓬松。（参见11页的白色短粒米）

棕色长粒糙米

一种保留米糠层的长粒型水稻。也被称为糙米。糙米往往通过热处理以减缓米糠酸败。比烹煮白米饭需要更长的时间。

巴斯马蒂香米

一种狭长的印度北部的香米，其价值在于香味和坚实的质地。煮熟后，米粒之间会变得干燥，粒粒分明。适合搭配印度比尔亚尼菜和派拉特菜。

菰米

现在栽培的，一种黑褐色的，细长坚实的沼泽地生长的种子，原产于美国大湖区，是普通大米的远亲。其独特的嚼劲以及坚果质感使其市场价格较贵。

混合糙米和菰米

糙米和菰米的混合物。既有嚼劲又有坚果风味，其价格通常比菰米的价格更贵。用于搭配肉、填馅和沙拉。

白色短粒米

圆形、短粒型水稻，完全去除麸皮。煮熟后米粒会黏着在一起。也称作布丁米。

短粒糙米

圆形的短粒米，保留了麸层。特征与糙米相似，煮熟后变得软而黏。

艾保利奥米

一种饱满的大粒意大利米，等级非常好，质地细腻。能够吸收大量水分而不会胀裂，特别适用于烩饭。

莱索托意大利米

饱满的中粒意大利米，质地细腻，由于它的吸水能力是普通米粒的两倍，且不会胀破，特别适用于做意大利烩饭。

卡纳罗利意大利米

被称为意大利米中之王，大粒米，富含淀粉，质地细腻，能稳固地吸收大量水分，是最适合制作意大利烩饭的米。

寿司米

粗短的白米，淀粉含量高，蒸煮后变得黏稠。加甜醋调味，是日本寿司的基础。

红米

硬的，未碾磨的大米，由于米糠层的颜色，实际上呈褐色。法国卡马尔格是一种短粒品种，有嚼劲，带有坚果风味，略带黏性。

糯米

大多是短粒的大米，蒸煮后变得黏稠。又名糯米或甜米，主要用于制作甜点。

米粉

粉状的细米，有黏稠的，也有不黏稠的。完全是淀粉，不会形成面筋的蛋白质，是一种增稠剂，或涂在烘焙食品表面，使表面变脆。

米片

边缘呈锯齿状的米片，质地粗糙，蒸熟后压扁，干燥而成。是一种印度食材，也称为帕瓦或米粉，炒制或放入牛奶中煮。

稻米片

将蒸煮好的米在重辊的碾压下变扁平后晒干而得。初步得到的米片被食品加工工业使用。

米糠

在碾米和加工过程中，稻谷除去谷壳，稻谷的外层种皮被磨掉。由于米糠富含油和维生素，若非将其脱脂，米糠很快就会腐烂。脱脂后的米糠稳定性好，用于食品加工中，且具有起泡性。

在日本，日本人会烘烤米糠以获取风味，然后将其与盐水混合，用于腌制蔬菜，如萝卜、黄瓜、胡萝卜。

粗磨米粉

粗加工的黏稻粉末。掺入食品中以增加酥脆口感，例如，经典的苏格兰脆饼，增稠性在印度细凉粉中得到体现，在泰国菜和越南菜中被广泛使用。

玉米

玉米片

早餐谷物，烤熟后通过碾磨玉米或粗磨玉米胚乳制成。轻脆干爽，可浇上牛奶食用。

爆米花

一种玉米做的食物，加热时，其内部淀粉会膨胀，继而热压力会使内部的淀粉炸裂出来。加盐调味后是一种经典的清淡松脆的谷物零食。

粗磨玉米粉

在英国称为粗磨玉米粉，在美国称为玉米粉，其质地细腻或粗糙，取决于研磨过程的精细与否，也取决于玉米的品种、黄色、白色，或是青色。青色品种制出来的玉米粉更软，淀粉含量更少。

玉米淀粉

细磨的玉米籽粒胚乳，在美国被称为玉米淀粉，在英国被称作玉米粉，不含形成面筋的蛋白质，主要用作增稠剂。几乎没有味道。

玉米糁

玉米糁，质地或细或粗，颜色或黄或白。意大利的一种主食，传统上用水煮成粥，趁热食用，或冷却后加以油炸或烘烤。

黑麦和大麦

黑麦面粉

由一种坚硬的禾谷植物碾磨而成，黑麦面粉是北欧制作其裸麦粗面包的主要原料，还可以用于制作黑面包和薄脆饼干。略带苦味，呈灰色，颜色深浅根据谷物的麸皮余量决定的。由于黑麦的面筋含量很低，所以黑麦面粉做成的面包密度很高，质地十分绵密。其特有的吸水性使面包能够保持湿润的口感。

黑麦片

黑麦颗粒通过碾压压成薄片，也被称为黑麦卷。薄片是加热作为早餐粥食用的，成为一种商业早餐谷物。由于具有特殊结构，黑麦中的糖分分解得很慢，所以单糖需要很长的时间才能消化，可有效减少食欲，增加饱腹感。

珍珠麦

去除外层的壳和膜，然后蒸煮，直到米粒表面饱满而发亮。珍珠麦通常用来给炖菜和汤增稠，特别适合用于苏格兰肉汤，能激发出它特殊的味道。有些已经除去麸皮的珍珠大麦需要蒸煮很长的时间才能软化。

大麦片

在滚筒之中去除外皮，并把大麦粒碾成薄片。用来制作牛奶布丁，粥和早餐麦片等谷物，有一种特别的口感，略有嚼劲。在用于烘焙食物前，可先用浸泡法将其软化。

大麦粉

用力地细磨珍珠大麦，因为这种大麦含有少量的面筋，发酵做出的面包比大麦面粉做成的面包密度大且重。大多数大麦粉和小麦粉混合使用是最好的。由于缺乏面筋结构的保水性能，大麦面包会很快变味。大麦粉是大麦粗加工制成的全麦面粉。

小麦

全麦面粉

大麦磨碎制成，全麦面粉中含有所有的谷物麸皮、胚芽和胚乳，也被称为全麦粉。在美国，全麦面粉是用于烘烤和蒸煮的。在烘烤过程中，面筋网络会穿透纤维麸皮，破坏其结构。因此，用全麦面粉而不是精制面粉做成的面包和蛋糕的烘焙量会相对较少，且成品组织间更加紧密。

小麦片

将小麦蒸熟后在滚筒中间碾压成大而厚的薄片。因为保留了麸皮和胚芽，小麦种大多数的营养仍然存在，但是胚芽中的油脂会使其迅速变质。这种食物也被称为滚小麦，薄片，像燕麦片一样煮成粥食用，或作为焙烤食品食用。

小麦胚芽

在白面粉碾磨过程中从小麦颗粒中分离出来；将小麦胚或胚芽磨成小薄片。营养丰富，作为焙烤食品和早餐谷物食用，或撒在菜上，增加坚果味。因为胚芽的含油量高，所以很容易变质，应贮存在密闭、低温的环境下。

未漂白的面粉

未经人工漂白的奶油色面粉。随着暴露在空气中的时间增长，小麦面粉会变得更白，这使做出来的白面包体积更大，质地更细，面包屑更柔软。漂白面粉是经过氧化剂处理，对这一过程的模拟，见效更快。

粗制小麦粉

小麦粉含有80%至90%的谷物成分，在碾磨过程中大部分的麸皮被去除，但留下了大部分胚芽。烘焙后其色泽和风味仍能高质量地保留，介于全麦面粉和白面粉之间。小麦粉也被称为棕面粉。

白面粉

白面粉是一种细质粉，主要来自小麦籽粒的淀粉质和胚乳部分，在碾磨过程中几乎去除了小麦所有的麸皮和胚芽。烘焙时，面粉的选择取决于面粉的硬度，粉质越硬，面筋形成蛋白越多。因此硬质面粉，在英国称为高筋面粉、面包粉，在美国被称为硬粉，更适合酵母发酵，而面筋含量少的，软质面粉，在英国面粉的中筋面粉或通用面粉和美国的蛋糕粉或面粉，能吸收更多脂肪，适合做蛋糕油酥点心。

小麦麸皮

在碾磨过程中去除小麦籽粒的纤维外层，带有细小的芒刺令人感觉粗糙的麦片。麦片主要含有难以消化的纤维素，麸皮是有益健康的粗粮。然而，在对它消化吸收过程中会产生负面影响。米糠纤维高，降低了矿物质和维生素的消化率，而植酸影响了钙的吸收。麸皮可以撒在水果上，或作为早餐谷物和烘焙食品食用，如面包、饼干和松饼。

小麦为主的谷物类食物

碾碎的麦粒
在碾磨过程中，整个小麦粒粗略地被碾磨成粗、中、细的小碎片。也称为粗磨的小麦，浸湿泡涨，做成面包。

保加利亚小麦粉
这种麦粒的外壳坚硬，经蒸熟、晒干，然后粗略地碾磨。一种中东主食，也被称为布格麦食、波格里（pourgouri）和布格利（pligouri），是做沙拉和烤肉饼的基础。

阿塔面粉
一种品种好的全麦面粉制成的软质、低筋小麦面粉。用来做印度饼，也称为恰帕提粉（chapati）。

阿拉伯小麦产品品种

两种小麦产品，分别是有机青麦面粉和蒸粗麦粉。

有机青麦粉，是通过烘烤青麦制成的。一捆捆刚收获的青色小麦秸秆用明火烘烤，冷却后剥去小麦外壳，谷粒要么是完整的，要么是粗裂的：粗裂的呈棕色，颜色相对较淡。两种小麦食用的方式都像米饭一样，蒸煮，或像保加利亚人一样食用这两种米饭。

蒸粗麦粉（马格里布，以色列蒸粗麦粉），用手把水和面粉搓成小豌豆大小的球，然后晒干。放入清汤煮熟即食。

大麦糊
一种希腊面食，由面粉和牛奶制成（有时是酸的），磨细的大麦状颗粒，然后晒干。传统上是放入汤或粥中煮熟即食。

古斯米（中东小米）

由小麦研磨成的细小颗粒，加入盐水，用手揉搓，摊开，然后晾干。烹调时，将颗粒蒸至膨胀蓬松，颗粒分明。马格里布地区（非洲西北部）的主食，传统上在果香浓郁的辣炖肉撒上古斯米。另外，古斯米需要预先煮熟，只需要在沸水中膨胀即可。

粗粒小麦粉

粗磨硬质小麦胚乳而成的面粉，通常小麦面粉越精细越好，这种面粉有时也被称为硬粒小麦面粉。因其蛋白含量高，粗粒小麦粉能形成很多面筋。颗粒饱满微微反光，烘烤过程中容易碎裂。因为烹调时不会变成淀粉糊，所以它被用来做成干面食，有时它也被用作增稠剂。

燕麦

燕麦

已脱壳，通常是较粗的碎粒的谷粒。即使"groats"可以表示任何粮食，但在英国一般是指燕麦。在美国，"grits"是较常见的名称。高蛋白和高脂肪含量使燕麦成为谷类中最有营养的一种。然而，除非经过蒸汽处理，否则油脂和麸皮酶会迅速引起燕麦酸败。燕麦可以做粥或米饭食用。

燕麦片

通过蒸汽软化，去除燕麦的壳，然后轧扁。加热会破坏燕麦中的酶，减缓胚芽酸败。因此，能更长时间保存燕麦片。燕麦片状的大小取决于整个市场的需求，以及燕麦自身的大小。因为燕麦片能更快煮熟，所以一般将燕麦片煮成粥，或做成饼干。

燕麦麸

精细的淡褐色的薄片，薄而富含纤维的表层位于燕麦表面，更精确地来说是燕麦纤维。因为黏附层是不可能清除干净的，所以去麸的燕麦表层还会残留一些纤维。

燕麦含有显著的水溶性膳食纤维，所以燕麦麸被添加到用于降低胆固醇的烘焙食品中。

燕麦粉

去壳的燕麦磨成细粉，不同于超细燕麦，这种燕麦粉里还有略粗的颗粒。用于一般烘焙，不含形成面筋的蛋白质，如果用于烘焙，必须与含有形成面筋的蛋白质的另一种面粉相结合。因为燕麦粉里有胚芽和麸皮，会迅速引起酸败，它不易保存，应当趁新鲜磨碎。

燕麦粒

燕麦加工磨碎成不同等级的细微颗粒，有些颗粒较粗的被分割成针头大小。越打磨，燕麦颗粒变得越粗糙，颗粒从中等大小变细，然后变得更细。如果没有处理好，燕麦片会迅速变质。燕麦是苏格兰历史上一种重要食物，主要用于做成粥和燕麦饼，是阿索尔麦片汤和苏格兰羊杂血肠的重要食材。

谷类和淀粉

荞麦粉

这虽然不是一种谷类植物的名字，但是荞麦一直被看作谷类植物。荞麦去壳后，切开整个种子，横截面呈三角尖头的形状，可以像水稻一样烹饪。在俄罗斯，荞麦粥非常出名。荞麦可以磨成带有黑色斑点的灰粉，做成煎饼，尤其做成俄罗斯的薄饼和布列塔尼酥饼、面条，会特别好吃，日本的荞麦面和荞麦蛋糕也特别出名。它有浓烈的独特味道。

藜麦

读音类似"keen wa"，一粒粒的谷粒连带着麸皮。是安第斯山脉的一种主食，这种伪谷物含有高浓度的氨基酸，因此，与其他谷物不同的是，这是一种完整的蛋白质。煮熟后，它会膨胀到原来体积的四倍，变成半透明状，麸皮微微蜷曲与谷粒脱离开来。煮熟的藜麦有一股淡淡的香味，类似鱼子酱的质地，可以代替大米或小米、蒸粗麦粉作为主食。未煮过的种子可以磨成面粉。

西米

从西谷椰子中提取的，稍带杂质的纯淀粉，制成糊状，干燥成颗粒状，也被称为"珍珠"。煮熟的西米会从白色变得透明，软软的，有弹性，也有些黏糊糊的。在以前，是英国制作布丁的基础搭配，但是现在在西方，他们很少用西米制作食物。在亚洲，西米用于装饰，特别是用于制作马六甲椰糖和棕榈糖。

木薯粉

从木薯或木薯植物的根茎中提取的淀粉，精炼成糊状，加热干燥形成片状或颗粒状，颗粒状的叫作"珍珠"，或磨成面粉，用于做布丁，给汤和炖菜增稠，木薯达到半透明的程度时，在口腔中会产生黏着的口感和微妙的味道。在一些亚洲国家，它多用在糖果和饮料中。在英国，它通常是牛奶布丁中的配料。

亚麻籽

亚麻的种子，也称作亚麻籽。它主要用于炼油，有时也作粮食，撒在盘子上，与烘烤食品混合在一起，以增添食物的浓郁口感，或磨成面粉，但是磨成粉容易受潮变得黏湿。亚麻籽含有丰富的营养，尤其是ω-3脂肪酸，比其他坚果更有益于人体健康。其油脂含量高，也意味着很容易变质。

小米

许多相似但不同的谷物的总称，即便大多数的谷物都有不同的名称。所有的谷物都很小，蛋白质含量都很高，但质量和味道却各不相同。小米的大部分都可以食用，可以磨成粗粉，通常做成粥或饼。可以在恶劣的条件下生长，小米是炎热干燥地区的主食，但在西方国家不常食用。

其他面粉和淀粉

黄豆粉

研磨去皮的大豆，制成的一种精细的乳黄色粉末，油溶性碳水化合物已被除去。虽然它不含形成面筋的蛋白质，但富含其他形式的蛋白质和脂肪，碳水化合物含量低，通常与其他面粉混合，以提高焙烤食品的蛋白质、体积和质量。食品生产商通常利用其特性添加到产品中去。在日本，被称为黄豆粉，用于制作糖果。

土豆粉

一种非常精细、洁白的白色粉末，从蒸煮的土豆、干土豆或从土豆中提取的淀粉，洗涤后制成，又称马铃薯淀粉。在法国，淀粉作为一种增稠剂使用，它能制作出清澈的酱汁。需要的量少，但比谷类淀粉更有效。用于烘焙食品中，由于不含麸质，所以能做出湿润的面包心。

绿豆粉

脱壳绿豆或黑绿豆磨成的乳白色粉末，也被称为黑绿豆粉。磨取的粉末是传统的蒸米浆糕（饺子）和南印度薄饼（煎饼）的主要成分，也可用来制造一种印度薄饼。

斯佩尔特小麦粉

一个古老的、非杂交谷物小麦，德语又称丁克尔。含有很多蛋白质，能形成比普通小麦更多的面筋，但是这种小麦适合麸质过敏者食用。将其磨成面粉，将可取代普通小麦面粉，类似全麦面粉，有坚果风味和小麦风味混杂的独特味道。

竹芋粉

从热带竹芋属植物的根茎中提取的一种白色精细粉末。含80%淀粉，用作沙司和釉料的增稠剂。其在烹煮的过程中会变得透明，且没有味道，所以比玉米粉的效果更好。为了避免在烹煮的时候产生结块，应在烹调前用冷水冲开。不会煮过头，而造成沙司分离。易消化，适合给病人食用。

未发酵的薄饼粉

犹太逾越节的碎薄饼是根据严格的规定，用面粉和水做成，无任何发酵过程的无酵薄饼。仔细研磨成中等大小的颗粒，可以当作面包属使用，可以作为汤的增稠剂，包裹鱼丸、面包等食品，或炸或烤。是做饺子的主料（玛索球或玛索饺子），浸湿后挤干，做成饼和煎饼。

面条和面食

面条，意大利面和饼，本质上都是由水和面粉制成面团，薄身，快熟。这些基本特征导致了这三种食物的多样性。

"面条"是一个通用的术语，包括各种东方面食和某些西方面食（本书依据西方国家的常规分法，将粉丝和腐竹也归为此类）。面条和面食的共性往往是由于其有一个单一的起源。虽然起源不明，但是，马可·波罗得出一个理论；那就是意大利面传到中国是不可能的；欧洲在14世纪之前，面食就已经存在。面条是一个简单的概念，不止在一种文明中被发现。

亚洲面条可按其主要成分来分类。它们不同的淀粉含量形成了不同的味道和质地，并决定了亚洲面条的多样性。它们形状各异，宽或窄，扁或圆，薄或肥，一般都是长的。意大利面，总是用面粉或粗粉制成的；硬质小麦面粉，混合鸡蛋，做成湿性面团，而更硬质的小麦面粉制成的干面，更具商业价值。亚洲有超过300种的面食的形状，可分为长、短（包括汤面），或中空的面条。大多数面以其形状命名。在意大利，意大利面的形态有更多变化后，意大利面的规模进一步扩大，然后人们就由其昵称或根据其形状命名，以此区分意大利面。特别的意大利面只适合几种酱。基本上，酱汁应该与意大利面拌均匀，而不是盖在意大利面上。相对于酱来说，面条的形状是必须考虑；呈肋状的（意大利通心粉）和空心形状的很能锁住酱汁。

饼是最早形式的面包。最初是用粉糊在热的表面上粗略烘焙的，后来演变成多种多样的面包。有许多饼都是由各种不同的谷物制成的，薯类和豆类，发酵的和未发酵的。在烤箱和煎锅烤，烤或炒，从羊皮纸一般的薄度变得比较厚，从易碎的变得脆韧。这些饼的形状都是扁平的。

小麦面条

荞麦面

荞麦面是一种方形横截面的细面条，用荞麦粉制成，更多是用荞麦粉、面粉、水和盐制成的。有坚果的风味，荞麦的颜色是不同程度的菇褐色，颜色最深的（灌木丛荞麦）棕黑的颜色是由于整个磨制荞麦所得，颜色最浅的（御前荞麦）由白色内核磨成。荞麦面是日本北部和东京的特产，通常冷食、蘸酱食用，或煮入热汤。淡绿色的荞麦面是用荞麦粉中加入绿茶粉制成的。

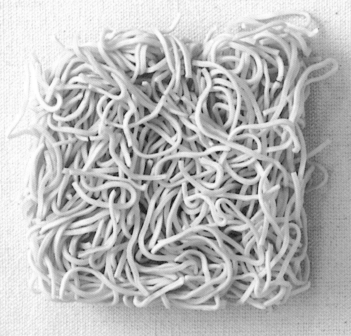

鸡蛋面

用面粉、水和鸡蛋制成的金色面条，挤压成不同宽度的圆形的、干脆的带状。最经典的（左图）是新鲜或干燥，而稍粗的一种，例如更粗更圆的福建面，通常是新鲜制作的，拌上油售卖。已经蒸过的鸡蛋面条，可以用各种亚洲汤煮，或油炒，这样能充分体现面条丰富和柔软的质感。

素面

一种用面粉、盐、水和油制成的乳白色的、细直的日本面条，通常宜制成捆面条售卖。素面不同于其他的日本面条，是用面团抻拉出来的。适合夏天食用，传统上是冷食。

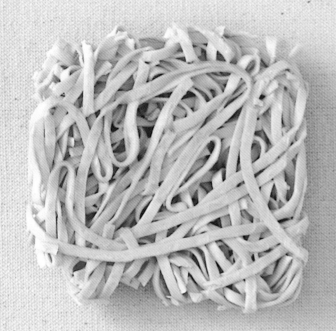

小麦面条

薄且细，有各种颜色，由小麦面团制成的各种宽度的面。通常用虾、蟹或菠菜等配料调味，以新鲜或干面形式售卖。营养全面，有弹性，容易吸收味道。中国北方是这种面条的起源地，通常做成汤面或炒面。

乌冬面

用面粉和水做成的生面团制成的饱满的日本面条，有时用醋使面条变白。乌冬有各种大小：新鲜的通常比较粗，四面切，而干乌冬面可能是平的，横截面呈方形或圆形。味道清淡，质地柔软，有嚼劲，爽滑。乌冬在日本南部很受欢迎，传统上做成汤面。

煮制面条

面条在进一步烹调之前是硬的，一般需要煮制，或在沸水中煮到软。

米粉和绿豆粉

米粉丝

细的、干脆的米制品，由米糊挤压而成。干燥时呈半透明状，煮熟后变得不透明。粉丝用途广，可以在亚洲各地的汤中使用，炒或用于制作春卷，而米粉在这些菜肴中展现得质地各不相同：从软到炸至脆，米粉自身淡淡的味道，使它能吸收大量食物的味道。中国人称之为"米粉"，见下文。

米粉面

干、脆、扁的米面条，宽度从窄到宽不一。由糯米粉和水做成的糊状物制成，类似米粉，干燥时呈半透明状，煮后呈不透明。虽然味道很淡，但质地更厚、更粗、更有弹性。米粉在越南和泰国很常见，泰国米粉特别出名。

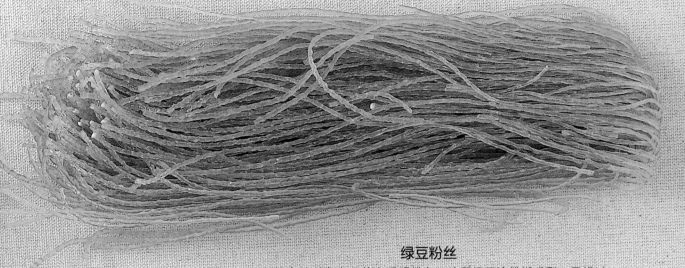

绿豆粉丝

细且结实并泛有光泽的半透明粉条，挤压绿豆淀粉糊成型。干燥过程极其艰难；粉丝需要在烹调前浸泡（除非油炸）成透明玻璃状，有胶质，表面是滑滑的质感。吸收了大量的水分，因此，粉丝本身基本没有味道。在亚洲各地的春卷、汤、焖菜和甜点中使用，有许多名称，如玻璃纸面、玻璃面、果冻面、银面和闪光面。

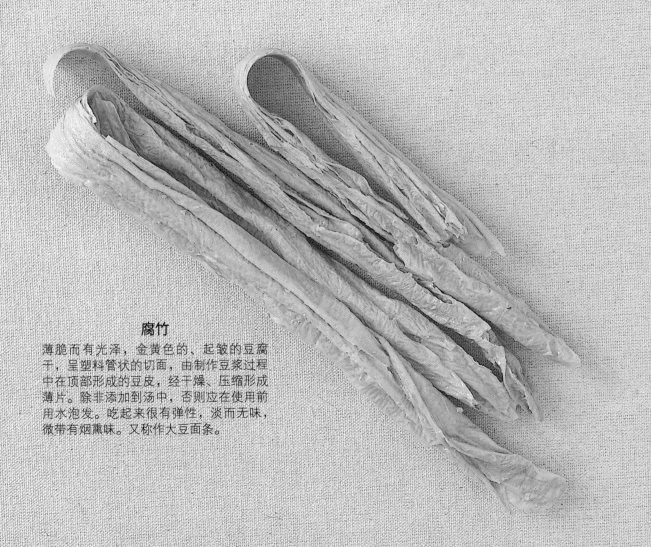

腐竹

薄脆而有光泽，金黄色的、起皱的豆腐干，呈塑料管状的切面，由制作豆浆过程中在顶部形成的豆皮，经干燥、压缩形成薄片。除非添加到汤中，否则应在使用前用水泡发。吃起来很有弹性；淡而无味，微带有烟熏味。又称作大豆面条。

亚洲卷饼

米纸

薄的、脆的、圆形的、方形的或楔形的，由大米和水糊制成，放在篮子编织而成的干燥垫上，使米纸上留下漂亮的印迹。蘸着水后，米纸会变得柔软。米纸用于制作越南春卷（被称为巴恩庄）和泰国米纸卷。

馄饨皮

用面粉、盐、鸡蛋和冷水制成，薄如纸的方形面皮。按堆叠售卖，撒上面粉以防止粘在一起，用来做馄饨。

薄饼

用烫面团在干燥的煎饼锅上制成，薄而圆的中国煎饼。传统上与北京烤鸭相搭配，也可以用于包裹其他食物。

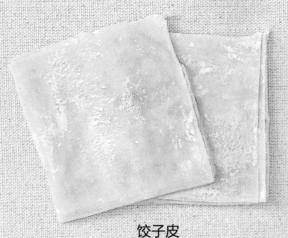

饺子皮
由普通小麦面粉和水制成的较厚的面皮。用来包
饺子和其他咸味馅料。

寿司海苔
薄而有光泽的矩形干海带，海藻属，颜色从紫色到绿色不一。使用前应烘烤，
呈暗绿色的时候，口感脆嫩，口味更佳，称为烧海苔。也有烤制过的海苔售卖。
常常用于包日本寿司醋饭，也被称为寿司海苔，也可碾碎，添加在其他食品中
增添味道。

饼

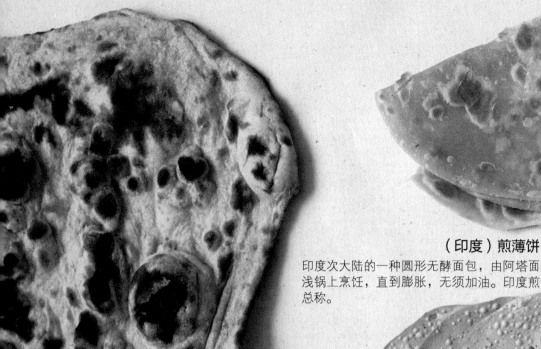

（印度）煎薄饼

印度次大陆的一种圆形无酵面包，由阿塔面粉、盐和水制成，在煎饼浅锅上烹饪，直到膨胀，无须加油。印度煎饼也是煎制的无酵面包的总称。

印度饼/印度面饼/印度薄饼

由小扁豆或谷物粉制成的印度薄饼，有时可加入香料增香。晒干，直到变脆，然后烤或炸至酥脆，搭配其他食物食用。

墨西哥玉米脆饼

玉米饼对折，炸成酥脆的U形。由墨西哥玉米薄饼卷改造而来，玉米脆饼通常填入碎肉（基底）、生菜、奶酪、沙拉，当作零食食用。

馕

一种扁平的，天然酵母发酵的印度和中亚的小麦面包。传统上的做法是将其贴在筒状泥炉的黏土墙上烤熟，馕呈滴泪状，膨胀的，发黑，表层有焦痕，中心软，吃起来有烟熏的味道。

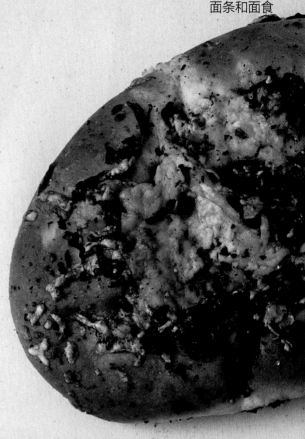

恰巴塔（意大利式面包）

一种形态自由的面包，原产于意大利，因形状很像拖鞋，故以此命名。制作这种面包的面团是非常湿润的，其中包括牛奶和橄榄油，成品质地轻盈，多孔且孔大，面包皮较薄，整体不易嚼碎。

佛卡恰面包/（意大利）香草橄榄油面包

一种圆轮状，扁平面包，混合面粉、水、橄榄油和香草，加入意大利某个区域特别的酵母，发酵其所需的面团，发酵完成后在面团表面抹上油，撒上配料。

无酵饼

薄脆的未发酵饼干，是犹太人为纪念逃离埃及而设立的逾越节传统食物。因为不需要发酵，18分钟的时间把水和面粉混合就可以烘焙了。

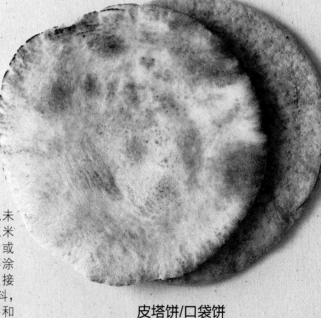

墨西哥玉米卷饼

圆形，薄，软，易折，有棕色斑点，奶白色未发酵面饼。是墨西哥人的主食，墨西哥玉米卷饼是由湿润的糊粉面团（玉米粉）或小麦粉，按压成形，然后在不涂油的鏊子里烘烤，可以直接食用，或卷入各种食料，比如玉米粉卷饼和辣椒肉馅玉米卷饼。

皮塔饼/口袋饼

圆形或椭圆形，扁平状，加入少量酵母的中东小麦面包，在烘烤过程中中间会形成中空的"口袋"。面包软，密度较大，有嚼劲，可以劈开盛放东西，或在上面涂酱，是一种传统的沙拉面包。

造型意大利面

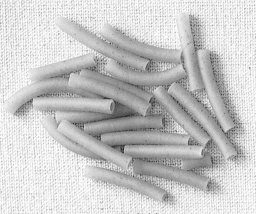

通心粉

英式意大利通心粉，一种中空、管状、短而坚固的干燥的意大利面。可能是直的也可能是"胳膊状"（弯的）。

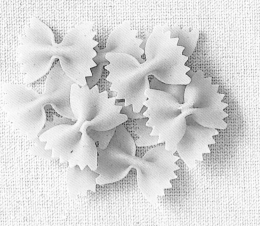

蝴蝶面

一种硬质意大利面，因形似蝴蝶而得名，有时也被称为蝴蝶结。

螺旋面

一种硬质意大利面，扭转制成螺旋形或者交结状，有长有短，呈漏斗状的螺旋面，是空心的。

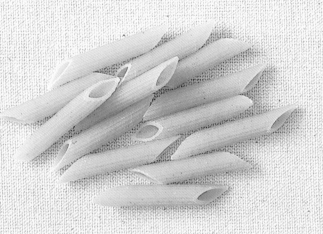

笔管通心粉

短且空心，管状的硬质意大利面，两端斜切的形状看起来像是鹅毛笔，这是其名字的由来。

贝壳形意大利面

一种硬质意大利面，形状像海螺壳，这是其名字的由来。外表可能是有棱纹的，或者是光滑的。

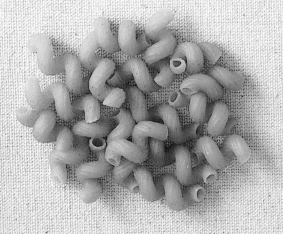

弯管形意大利面

短且空心，管状的硬质意大利面；呈螺旋状，像开塞钻，这是其名字的由来。

贝壳形意大利面

中空，贝壳状，凸面有脊状线，外观与
小贝壳面有相似之处。

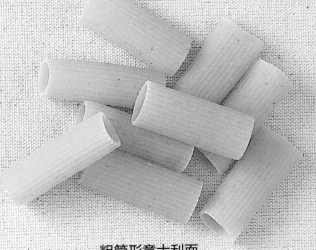

粗管形意大利面

大型中空的硬质管状意大利面，表面带
沟槽。

车轮形意大利面

车轮形的干意大利面，有轮毂、辐条和
光滑或有凹槽的轮辋。车轮面也是一种
螺旋面。

动物形意大利面

各种被挤压制成动物形状的儿童干意
大利面。

小圆圈意大利面

非常短，空心，干意大利面，字面意思为
"细管"，通常用于口感清爽的汤。

米形意大利面

小型意大利面，尽管用面命名，但是其
形状像米。煮在汤里会非常好吃。

长条状意大利面

直身意大利面

长，细，圆柱形的实心棒条体，字面意思为"细弦"，是最普遍流行的意面样式，作为最常用的意大利面，直身意大利面分为不同的粗细，按数字分级。

扁身形意大利面

长，薄，实心棒状干燥的意大利面，椭圆形的截面，像扁平的意大利细面，字面意思为"小舌头"；也被称为扁面条。

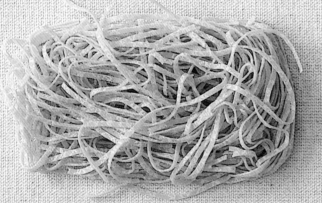

扁带形意面

细长的扁带形的湿性意大利面，通常小于3毫米宽的窄面条；是意大利扁面条中最扁的一种。

意大利细圆面

长，细，圆，实心棒状干燥的意大利面，称作细挂面，字面意思是"小虫子"；在意大利南部，这种较薄的意大利面也叫意大利式细面。

意大利细面

长，薄，圆，实心棒状干燥的意大利面，椭圆形的截面，一种很好的扁面（见上文）。

意大利宽条面

长条，扁平的、条或带状面条，新鲜的或者干的，大约9毫米宽。意大利细面是意大利面条的罗马版本，但传统上是略窄稍厚的。

意大利宽蛋面

长，扁薄如纸，窄带状的湿性或干性（如上图所示）的意大利面，通常约6毫米宽。是意大利面中切意大利面的一部分，是一种更大的扁带形意大利面。

意大利天使细面

长，特别细的意大利面，字面上的意思
是天使的头发。通常成把，或成捆售卖，
天使细面作为汤面，或者搭配清爽的沙
司食用。

千层面

宽而扁平，呈长方形，是一种薄的湿性或干的
意大利面，有时候，一边或者两边会有褶饰边
（扁薄如浮苔），千层面主要用于烤制菜肴。

意大利蛋阔面

意大利宽面条，新鲜或者干燥的，通常有锯齿
状边缘。原产于托斯卡纳，常用这种意大利面
炖野兔，适合与丰盛的肉类基底酱汁搭配。

意大利小水管面

长且薄，内中空，像中空的意
大利直面。

意大利宽面

长且扁平，新鲜或干的薄面，
稍宽于意大利扁平细面条。
传统上是以鸡蛋面为基础做
成的面，通常由手工制成。

填馅意大利面

意大利土豆团子

小型意大利饺子，通常是将土豆压泥，然后与面粉混合，有时候加入鸡蛋，用餐叉或擦菜板将顶针大小的生面团挤压成形。用沸腾的水煮熟，然后像意大利面一样，拌上可口的沙司，或者融化的黄油和帕马森干酪。

意大利式方形饺

枕头状，正方形或长方形的，用新鲜鸡蛋面团做的皮，有用锯齿切割的饰边，填充馅料多种多样，包括肉类、蔬菜或奶酪。放入肉汤煮熟，或用水煮，然后拌上沙司或涂上黄油和奶酪。

意大利馄饨

用方形的或者圆形的意大利面团作为皮，填入馅后，把饺子皮边缘黏合在一起弯曲成圈，形状类似肚脐或者帽子。馅料通常是干酪和菠菜。托特罗尼（tortelloni）是一种放大版的意大利馄饨。

意大利水饺

形状像小帽子，也有其他形状，馅料更是多种多样，根据地方传统而有所区别；许多馅料是肉和干酪。传统上，放入肉汤，或者蘸着奶油或干酪吃。卡佩拉其（Cappellacci）包上南瓜馅，是一种放大版的意大利水饺。

蔬菜和菌菇类

"蔬菜"是一个没有植物学意义的烹饪术语。尽管人们普遍理解这个概念，但对蔬菜的普通定义是不精确和不完整的。至少蔬菜可以被定义为一种植物，通常是被定义为草本植物，任何部分都可以作为开胃菜食用。可食用的部分可以是叶子、根、块茎、球茎、茎、豆荚、花或种子。一些水果也被当作蔬菜。

大多数原本生于野外的蔬菜品种，已经被人们找寻到种植技巧，进行栽培。它们种类繁多，品种繁多，各有特点，营养成分也不同，但大多数都含有丰富的营养素和纤维，脂肪含量低。因此，蔬菜通常被认为是均衡饮食的重要组成部分。

除明显的例外，蔬菜最好是新鲜采摘的。因为蔬菜用其本身储存的糖分，支持其脱离土壤后继续生长，因此它们的甜度、味道，有时甚至它们的质地也会向不好的方向发展。随着蔬菜的生长，失水会使它们枯萎，微生物会破坏它们的品质。

本地种植的农产品可能会比较新鲜，故而季节性的蔬菜则很可能由当地种植园提供。

"植物中的真菌"指的是蘑菇和块菌。我们食用的是它的子实体。真菌是原始生物，原先被分入动物或植物，现在自成一门，和植物、动物和细菌相区别。因为它们不含叶绿素，不进行光合作用产生糖，所以生长在死亡生物上，靠其有机质存活。它们不同于高等植物的成分，它们的细胞壁不是由纤维素组成的，而是不易被消化的壳多糖。

菌菇类不仅能提供丰富的营养，其肥厚的肉质，鲜味和质地，以及独一无二的香气深受人们喜爱。由于富含谷氨酸，菌菇类在制作菜肴的过程中可以提鲜，是天然的味精。有一些真菌可人工种植，有些则只能从野外采摘。这一点以及其优良的风味使野生真菌备受推崇。鉴于有些菌菇类有毒，在食用前应该对野生真菌进行鉴别。

生菜

直立莴苣/罗马生菜
整颗莴苣，叶长，呈绿色，爽脆多汁，茎多汁，略苦涩，通常用于凯撒沙拉。

卷心莴苣/皱叶莴苣
圆形莴苣，顶端叶片紧密脆薄，口感爽脆，味道清淡，通常用于沙拉或三明治中生食，杯状叶片通常用于填馅。

奶油生菜
圆形莴苣，叶软而蓬松，味道精致，质地嫩滑，适用于味道清淡的沙拉。

小宝石生菜
一种小颗莴苣，叶长且紧凑，口感爽脆，多汁香甜，口感极佳，通常分切成四等份或以叶片形式调味后食用。

绿叶生菜和红叶生菜

一种叶形松散的生菜，叶软，绿色，边缘呈褶皱状，（绿叶生菜，左），或边缘渐变红色（红叶生菜，右）。外形极佳却味道平淡，所以通常与其他叶菜混合食用风味更佳。

火箭生菜/芝麻菜

一种水芹植物，叶绿色，边缘呈锯齿状。生吃时有刺鼻的辛辣感，常用于沙拉。嫩叶更为鲜嫩，老叶的质感更加粗糙。

混合生菜

沙拉叶的一种，颜色、质地和风味多样。根据季节可能包括绿胡桃叶、黑胡桃叶、芝麻菜、菊苣、红菊苣、羊莴苣（谷底沙拉，野苣）、绿叶生菜和红叶生菜，以及甜菜叶。混合生菜有时被称为总汇生菜。

叶菜、芽菜和茎菜

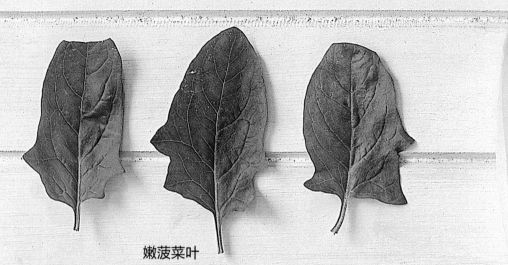

嫩菠菜叶

菠菜的嫩叶，由于足够鲜嫩，可以直接用于沙拉生食。烹饪后，菠菜通常作为蔬菜食用，用途广泛，适合与乳制品搭配，其微酸的味道使菜品更加精致完整。使用前需彻底清洗，受热时叶片萎缩，体积减小。

菊苣

一种梭状的叶用莴苣，叶片包裹紧实，呈白色，尖部黄色。在英国被称为菊苣（chicory），在美国和法国被称为比利时菊苣（Belgian endive），在澳大利西亚（Australasia，一个不明确的地理名词，一般指澳大利亚，新西兰及附近南太平洋诸岛，有时也泛指大洋洲和太平洋岛屿）被称为菊苣。味道微苦，生食爽脆多汁，煮熟后口感软糯。

西洋菜

一种十字花科植物，性喜寒冷湿润环境，西洋菜口感爽脆，有辛辣感。通常用于沙拉、三明治或作为配菜装饰，尤其是搭配野味。煮熟后，辛辣感被去除，像菠菜一样在汤品中使用。

甜菜

叶片绿色，大且有褶皱，其块茎通常为乳白色，红色或金黄色，甜菜通常作为两种蔬菜进行烹调。叶片味道与菠菜类似，但质地更为粗糙。包含许多品种，例如瑞士甜菜、海甜菜。

芦笋

肉质肥厚的百合科培植植物的嫩枝。一种珍贵的春季美食，绿色以及紫色芦笋长至地面上后被收割，而白色芦笋种植在地下。白芦笋口感更加滑嫩但表皮更硬，所以需要削皮。其周长随着植物的成熟而增加，细绿芦笋被称为Spure（英国方言，意为低档芦笋）。芦笋可以蒸、扒或烤，可以热食或冷食，与油或黄油基底的酱汁一起食用。

朝鲜蓟/洋蓟

一种蓟的可食用的花苞。一种珍贵的春季美食，未成熟时，花蕾可以整个生食或烹饪后食用。成熟后，只有底部花瓣状的苞片或底部及花心可以食用（纤维质的中心部分被丢弃）。洋蓟可以水煮，配上酱汁冷食或者热食，或填馅食用。

芹菜

口感爽脆，质感肥厚多汁，茎多叶的栽培蔬菜，茎叶为绿色，颜色从浅到深；颜色越暗风味越强烈。作为蔬菜，芹菜可以生吃或者烹调后食用，通常用于炖菜或者炒食。在基础汤和油煎料理中，与洋葱和胡萝卜一起切碎后使用。它为许多欧洲菜肴提供了基本风味。

根茎类和块茎类

瑞典芜菁

卷心菜和芜菁杂交后的产物，根茎膨大，通常肉质呈黄色，在美国被称为芜菁甘蓝，在苏格兰被称为neep（英国方言，意为萝卜）。与黄油打成泥，称为bashed neeps（萝卜泥），通常与哈吉斯（haggis）一起食用。

甜菜根

一种根茎，主要是红色的球状，也称为花园甜菜。可以生食，烹调后热食或冷食。其固有的带泥土的甜味常与酸味互抵，叶子可以像菠菜一样加工使用。

小萝卜

一种膨大的十字花科类的根茎，有不同的形状，颜色和辛辣程度。由于其辛辣，小萝卜通常在沙拉中生食，或浸在黄油和盐中。

胡萝卜

一种根茎类蔬菜，胡萝卜本身有甜味，可以生食，作为蔬菜烹饪，可以在甜品和开胃菜中使用。

块根芹

一种芹菜的球状根茎，也被称为芜菁根芹和根用芹菜。纤维状的皮肤下有坚实细腻果肉，略带芹菜味。通常生吃或烹调后食用。

薯蓣

植物学意义上薯蓣属的一种地下块茎。薯蓣必须烹熟后才可安全食用，淀粉质感，微甜，味道清淡。

大根/东方萝卜

一种东方的萝卜，硕大，果肉呈白色，味道温和，在日本被称为大根（Daikon），印度称为 "mooli"（意为白萝卜）。在日本被广泛使用，大根可以生食或烹调后食用（炒，焖，腌渍或炖），同时也作为装饰使用。

番薯

一种热带根茎类植物，有多种形状，表皮和肉质颜色多样。富含淀粉，味甜，有时呈粉状。可以水煮、油炸、压泥、糖渍以及用于甜点制作。

土豆

一种茄科植物的可食用块茎。土豆有数百种，形状、大小、表皮和肉质颜色各不相同。对于厨师来说，最重要的是区别土豆是蜡质还是粉质。蜡质土豆水分含量高，淀粉含量低，在水煮后仍能保持形状和坚实。相对的，粉质土豆含水量低，淀粉含量高，水煮后会碎裂，但是适合烘焙，压泥和烤制。早期的土豆（新鲜的）是蜡质的，主要作为粮食种植的土豆（成熟的）可能是蜡质或粉质的，也可能根据季节更迭变化。

芜菁

一种十字花科植物的膨大根茎，通常肉质呈白色。最好趁鲜嫩时食用。有微妙的辛辣味，法国人通常把甜芜菁炖食，日本和阿拉伯人则将芜菁进行腌制。

葫芦科和南瓜

绿皮小南瓜/毛茛南瓜

一种圆形有棱纹的笋瓜，表皮带有深绿色斑点和条纹。果肉质地细腻，呈橙色，坚实略带甜味。可以和大多数冬南瓜一样使用。

碟瓜

一种小型夏南瓜，边缘呈圆齿状，颜色从淡绿到深绿，白色或深黄色。整个蒸制可以保持其优美的外形，以及果肉的微妙甜味。也被称为扇贝南瓜（scallopini），卡仕达西葫芦（custard marrow），佩蒂锅（patti pans）。

小宝石南瓜

宝石南瓜，在南瓜表皮仍柔软时，趁嫩采摘。整个蒸制后，其表皮、种子和丝质般的果肉都可以食用。

名称的来历

给西葫芦科南瓜属的蔬果命名，由于许多名称重叠，容易混淆。在美国，"南瓜属植物的果实"包含南瓜，西葫芦和其他可食用葫芦科植物。对于厨师来说，最简单的分辨方法是区分夏南瓜和冬南瓜。夏南瓜较为幼小，皮薄软，种子柔嫩，果肉细嫩，都可以食用，夏南瓜应趁时令新鲜时食用。冬南瓜的表皮和种子都更厚更硬，果肉更加坚实，需要更长的烹饪时间，同时也更易于保存。

宝石南瓜

一种小而圆的夏季南瓜，表皮中等硬度。烹饪时，果肉细密绵软，风味精致清淡。挖出种子后，是填馅的理想材料。

蜜本南瓜

一种冬季南瓜，外形像加长的梨子，外皮从米色到金黄褐色，果肉呈亮橙色，质地稠密。味道甜美朴实，可以用于烘焙或烤。

万圣节南瓜

数百种冬南瓜中的一种，有不同的表皮颜色、大小和形状，其橘黄色的果肉有特别的甜味，其不同的味道和质感可以交替在各种食谱中使用。冬南瓜的含水量约为90%，十分容易积水，所以冬南瓜最适合进行烘焙。去除种子后可以进行填馅，烤制，或打碎制成菜蓉汤，用于制作甜、咸馅饼的填馅或意大利面以及蜜饯。

黄瓜和西葫芦

小黄瓜/腌食用小黄瓜

一种短而细的黄瓜，表皮带刺，凹凸不平，呈深绿色。是专用于腌制的黄瓜，也可以选择长品种的未成熟果实。

露地栽培黄瓜/温室黄瓜

户外生长的标准黄瓜品种，较短。通常表皮较为光滑，呈深绿色，表皮需要去除，爽脆多汁的果肉内生长旺盛的种子同样需要去除，也被称为绿岭黄瓜（Green Ridge Cucumber）。

黎巴嫩黄瓜

一种短黄瓜，表皮柔嫩，为深绿色，非常甜美多汁，淡绿色的果肉镶有微小的种子。

英国黄瓜

一种细长的圆柱形黄瓜，皮薄，呈深绿色，果肉爽脆多汁，无籽，颜色较淡，味道温和。也被称为电报黄瓜、大陆黄瓜、温室黄瓜或 "burpless"。

西葫芦

一种大的成熟的小胡瓜/绿皮密生西葫芦。根据大小变化，质地变得更加粗糙，含水量也会增多，其原有的鲜美滋味被稀释得更柔和。最佳食用方法是切成两半，去籽，填馅烤制。

小西葫芦/小胡瓜/绿皮密生西葫芦

一种西葫芦，也以法语名称小胡瓜（courgettes），以及意大利语名称绿皮密生西葫芦（zucchini）为人所知。圆柱形，有时弯曲，表皮为深绿色或浅绿色、黄色，有斑点，果肉绵密潮湿，呈奶油色，有微小的种子。味道精致，食用需去皮，可以生食或烹调后食用，例如油炸、扒制、烘烤是首选，水煮会使其水分过多。

洋葱、大葱和大蒜

红洋葱

一种洋葱球茎，又称为意大利洋葱，表皮紫红色，果肉白色，边缘红色。味道柔和甜美，通常用于沙拉和调味汁中，生食。

小葱/青葱

有绿色空心叶片的未成熟的葱，在球茎膨胀前采收，也被称为小葱和青葱。味道温和，全部可以食用，可以生食或快速烹饪后食用。

洋葱

干燥的棕色纸质表皮，包裹着数层白色鳞茎片（切开会刺激流泪）组成的球茎。生吃时有刺激性的气味，随着烹调加热会转化为一个柔和甜美的味道。洋葱一般用于提升风味或增加甜味。

红葱头/小洋葱

小而长的球茎簇，每个都被棕色到灰色甚至是粉色的纸质表皮覆盖。质地细腻，味道介于洋葱和大蒜之间，但是更为柔和且不涩。

大葱

一种长圆形球茎，长有环绕的长叶，底部为白色，深绿色的叶子在顶部张开。通常清洗过包裹的泥土后，只使用白色和淡绿色部分。味道柔和，类似于洋葱的甜味，不涩。大葱通常熟食，作为蔬菜或制作汤品，炖菜和馅饼。

大蒜

由许多蒜瓣组成的一个球茎或"头"，每个都包裹在白色、淡紫色或粉色的薄而干的外皮下。是一种重要的调味品，特别是在亚洲和地中海料理中。生大蒜味道辛辣刺激，口感爽脆；煮熟后，其味道更加温和甜美，质地细腻。

细香葱

葱属植物中最小的球茎，作为香草种植，其管状的细长绿色叶子，葱味浓郁。由于加热会破坏其味道和颜色，细香葱最好在使用前切开。

嫩大葱

嫩而细长的大葱，味道最为甜美。非常嫩，可以整个食用，嫩大葱通常烹调作为开胃菜的调味汁或奶油酱汁，番茄酱汁。

豆类、豆荚和种子

绿豆芽
刚发芽的绿豆，有一个小的白根。味道柔和，口感爽脆，可以生食或稍加烹饪。

生花生/生落花生
豆科种子，包裹有纸质表皮，含55%的油脂和30%的蛋白质，食用方法多样（见87页）。

苜蓿芽
苜蓿或紫花苜蓿的种子纤细的芽束。口感爽脆，略带温和的豌豆味，通常作为沙拉菜生食。

扁豆芽
扁豆的芽，有坚果风味，质地松脆，可以生食或稍加烹调。

玉米/甜玉米
甜玉米品种，趁新鲜食用，也被称为甜玉米。苞叶和须包裹着沿中央穗轴排列的白色或黄色的果实。布满穗轴的果粒在馅饼、汤和煮玉米中同样特征明显。玉米笋，在授粉前采收的玉米，整个可食用，通常炒制。

豌豆

豌豆豆荚中绿而圆的种子，趁新鲜时食用。幼嫩时，口感鲜嫩，味道甜美。也被称为绿豌豆、花园豌豆和英格兰豌豆。

蜜豆

幼嫩的豌豆豆荚，饱满发达，由于是豌豆，所以整个豆荚都很嫩，可以食用。也被称为青豆、荷兰豆、蜜糖豆，短暂的烹煮以保持爽脆的口感。

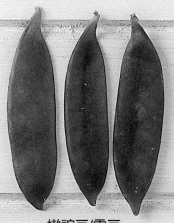

法国菜豆

豆荚细长，豆绿而圆。现在通常较短，包裹着小而圆的可食用的种子。趁新鲜时整个食用，有许多名称，包括菜豆、芸豆、扁豆、四季豆等。

嫩豌豆/雪豆

有未成熟豌豆的小突起的几乎平坦的豌豆豆荚。整个豆荚都可以食用，略加烹调，通常炒制。

生吃还是熟吃？

玉米和豌豆一经采摘，其中的糖分就开始转化为淀粉，所以最好食用刚采摘的。

生豌豆和豆芽含有一种抑制蛋白消化酶的物质，所以无论吃多少，都需要经过烹调。

黄豆芽

长有黄色长芽的发芽的黄豆种子。味道浓郁，纤维坚韧，炒制是最佳食用方法。

芸薹

减少气味

作为蔬菜烹调的甘蓝类蔬菜在烹调过程中会产生氨气、硫化氢等。烹调时间越长，产生的化合物越多，因此通常建议对这些蔬菜进行简单烹调，减少烹调时间。

花椰菜

甘蓝的芽，有一个由无数微小的白色、爽脆、紧凑的花蕾组成的头，被称为花球，在丛生茎上生长的甘蓝芽，被爽脆的绿叶包裹。花球部分可以生吃，或略加烹调，或用于制作调味汁。

西蓝花

甘蓝的芽，最常见的是由紧凑的小的暗蓝绿色花蕾组成的花球，每一个有其自己的粗茎。也被称为花茎甘蓝，原名意大利芦笋，通常稍加烹饪后食用，与细腻柔滑的酱汁十分相配。

小白菜

一种东方的芸薹属植物，通常有一束松散的椭圆绿叶，以及肥厚的白色匙形茎，也被称为青菜、油菜。味道柔和，有青菜味，通常炒、炖或加在汤中。

红甘蓝

一种芸薹属植物，结球圆而紧凑，叶片光滑，呈紫红色，叶脉白色。烹调时可以加入酸性物质以保持其红色。通常与红葡萄酒醋、水果和香料一起炖煮。

小甘蓝

幼小的普通的圆球甘蓝。与甘蓝同样爽脆，味道刺激辛辣，可以和卷心菜一样烹饪，生食或烹调后食用，其大小可以整个食用。

塌棵菜

塌棵菜或莲座白菜的日本名称。叶片圆润，味道浓郁，比白菜更具风味，可以炒、炖和制作汤品。嫩叶可以作为沙拉菜生食。

孢子甘蓝

小而紧密的绿色甘蓝芽，像微型甘蓝，长在一整个长茎上，冬季是最佳食用季节。通常作为配菜，整个水煮，通常与黄油一起搭配栗子食用。

皱叶甘蓝

一种圆形，结球松散的甘蓝，叶片绿色，有褶皱，口感爽脆，越接近中心颜色越淡。味道比光滑的甘蓝更淡，被视为烹饪的最佳品种，可以炒，蒸制填馅，煸炒，烹制后会皱缩。

番茄和水果蔬菜

罗莎番茄
李子形的小番茄，果皮坚固，果肉密实。其强烈的番茄风味大大提升了混合沙拉的风味。

罗马番茄
长蛋形番茄，也被称为李子番茄、意大利番茄和圣女果。肉质密实肥厚，果肉相对较少，烹调过程中可以保持形状，用于浓缩酱汁也十分快捷。

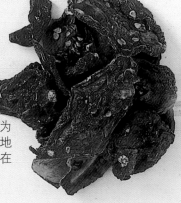

番茄干
通常用罗马番茄，将其一切为二，腌制后在太阳下晒干。质地坚韧，风味浓郁，使用前需要在油或水中进行复水。

圆番茄/沙拉番茄
多用途的番茄，有着经典的红色，中等大小，果肉大而多汁，是生食的理想选择。

番茄指南
番茄有数百个品种，颜色、大小、形状、表皮厚度，果肉密实程度，种子大小，多汁程度以及酸甜度各不相同。每一个都是独有的特征组合，大概可以分为牛番茄（大且果肉密实）、李子番茄、圆番茄、空心番茄（填馅用）以及樱桃番茄。

无论什么品种，在阳光下成熟后继续挂在枝头，味道会更好。番茄在室温下储存，可以达到番茄风味的最高值，冷藏则有损其风味和质地。

黄色李子鸡尾酒番茄
李子形小番茄，表皮金黄色，果肉浅黄色。比红色品种更加多汁甜美。最佳品鉴方式为生食。

樱桃番茄
圆形小番茄，含糖量高，味甜，风味浓郁，主要作为零食生食或作为沙拉食用。

茄子

表皮光滑，暗紫色，白色木髓果肉，有籽——最常见于各种形状、颜色各异的不同品种。在地中海料理和中东风味料理中十分受欢迎，可以烤、炸、扒、压泥、填馅和腌制。在一开始用盐腌制可以有助于减少其海绵质地果肉的吸油能力。

富尔特牛油果

果实为梨形，皮薄，光滑，呈绿色，果肉为浅黄绿色，味道柔和，口感丝滑，味道浓郁，包裹着一个大种子。

哈斯牛油果

梨形或椭圆形果实，成熟时，布满卵石花纹的表皮由绿色变为紫红色。果肉为黄色，质地细腻柔滑，口味柔和，有坚果风味，包裹着一个相对较小的种子。

牛油果

牛油果成熟时，果茎末端柔软。通常生吃，牛油果酱最为著名；经过烹调后会变苦。由于切开后会迅速变色，因此最好在上桌前准备。其独特之处在于，牛油果含有高达25%的单不饱和脂肪酸。

辣椒

甜椒/灯笼椒

　　甜椒，是区分与辣椒的称呼，是辣椒属植物的柔和甜美的果实。这个名称包含各种颜色或钟形辣椒，有些长的辣椒状品种包括黄色到红色的尖辣椒，黄色香蕉形的甜香蕉椒以及浅绿色的弯牛角椒。

辣椒

辣椒属的某些果实。已发现的有200多个品种，大小、形状、颜色和味道各不相同，在不同地区都有不同的名称。最成熟的，从绿色到红色，橙色，黄色或棕色，其特有的辣味主要来源于辣椒素，一种生物碱，主要存在于种子附着的脉络中，不溶于水。同一种属的果实也可以不同，一般来说，越小的辣椒越辣，相反，越宽大的辣椒味道越柔和，越成熟，越甜，越富有水果风味。

青椒和黄椒

钟形辣椒；青甜椒未成熟，黄甜椒是成熟的。青椒有一种苦甜交加的味道，肉厚多汁，生食爽脆，烹调后更加柔软成熟。通常去除种子和薄膜，切成片或切丁，或者制成填馅的容器。

干鸟眼椒

小而薄的辛辣的辣椒。尤其在泰国菜中，一点点即可带来足够的风味。在使用前浸泡在盐水中，或者炙烤，以获取一种烟熏的风味。

红椒

成熟的钟形辣椒属植物果实。通常为红色或黄色（见上图），但也有橙色、紫色、象牙色和棕色。果味甜美温和，肉质肥厚，生食多汁爽脆；烧烤后，需去皮，熟红椒更软，味道更甜。可以用于沙拉和调味汁中生食，或作为蔬菜烹调，可以搭配意大利面，炖菜，酱汁或制作填馅料理。

蘑菇和真菌

木质假面状口蘑

蘑菇，颜色从淡紫色到紫罗兰色到米色，最初，凸起的菌盖卷曲起来露出菌褶。它们肥厚而松软的菌肉很好吃，但必须煮熟才能去除其含有的轻微毒性。

黑喇叭菌

灰黑色的蘑菇，菌盖为柔软的漏斗状，几乎没有菌褶。它们肉质不算肥厚，很脆弱。口味精致，可以炒或用于制作酱汁，气味芳香，有时给人一种松露的错觉。

滑菇

以圆形琥珀色菌盖上的黏液层和长而白的弯曲菌柄而闻名的小蘑菇。在日本料理中广泛使用，尤其是被使用在制作味噌汤中，有凝胶状质地和清淡的香味。

鸡油菌

一种小蘑菇，形状类似弯曲的漏斗，有不规则的、叶脉状的菌褶和杏的颜色和香味。食用其相对较硬的菌肉，味道辛辣。相对坚实的肉质味道是辛辣的。与蛋类十分相配。

羊角菇

因微黄色菌盖向下突出的刺而闻名的一种蘑菇。肉质肥厚坚实，味道与鸡油菌类似；其轻微的苦味会在烹调过程中消失。

松露

真菌在地下生长的子实体。不规则的圆形，实心，肉质易碎，布满白色叶脉状纹路，松露散发出强烈弥漫的香气。黑松露，或称佩里戈尔松露，有坚硬的黑色瘤状表皮，通常生食，刨片置于食物上方，热量会破坏其美妙的风味。

牛肝菌

一种珍贵的食用菌，棕色菌盖下是细管而非菌褶。形状像香槟酒的软木塞，有微妙的陈腐香气，其坚韧多汁的菌肉可以切成薄片生食，或水煮、炙烤或炖煮。

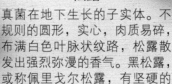

猴头菇

球形食用菌，有着长长的白色软刺，没有菌柄。与蟹肉相比，味道柔和鲜甜，质地细腻，通常轻微烹调即可食用。

蚝菌/平菇

形似牡蛎壳的蘑菇，颜色从白色，米色，粉红色或黄色不一。味道微妙，肉质柔软多汁，快速烹调是最佳食用方法。更大一些的平菇，被称为鲍鱼菇。

大褐菇

大而扁平的深棕色蘑菇，菌褶完全暴露，实际上是成熟的克里米尼菇。肉质紧实肥厚，味道浓郁。其大小适合整个烤制。

什塔克菇/椎茸/香菇

伞形蘑菇，菌盖棕色，裂开部分露有白色奶油撕裂状菌褶。原产于日本，有朴实的清香，质感肥厚，带有浓郁的木质风味。烹饪时，最好去除其坚韧的菌柄，适用于所有的烹饪方式。

干鸡油菌

干燥、萎缩、脆化的鸡油菌。复水后，保留了杏色，但质地更加坚韧，味道相对变淡。浸泡在浸泡液中可能效果更好。

小褐菇/克里米尼菇

黄褐色至深棕色的伞形蘑菇。比白蘑菇的味道更深厚朴实，肉质坚实，烹调后仍能保持形状。

白蘑菇

常见的白色菌盖蘑菇。成熟后，质地更加紧密，味道更加浓郁，主要分为：菌盖未张开的蘑菇，通常较小；菌盖刚张开的蘑菇；以及菌盖完全张开，露出深色菌褶的蘑菇。

水果和坚果

植物学意义上，"果实"是植物结构的一部分，通常包裹着种子，在授粉和受精后由子房发育而来。然而，人们对这个词的理解不是基于植物解剖学，而是基于用途。因此，烹饪意义上，水果是一种肉质的、多汁香甜的，植物的可食用部分。食物中，水果的酸甜平衡，使其区别于其他食物，尤其是蔬菜。严格来说，某些植物实际上是水果的一部分。一般来说，水果是一种充满乐趣的食物，常在一餐的结尾来吃。

有许多不同品种的水果实际上是同一类的。许多我们熟悉的水果来自蔷薇科和柑橘属这两个科属。水果通常以烹饪特性分类而不是植物学分类：有籽与否，有核与否，是否是浆果或是否柔软。水果也根据其成熟的季节和产地划分。

长久以来，不同的品种已经在其特性和生长习惯基础上不断发展。

大多数水果适合生吃，有些很适合烹饪，许多水果可以通过处理长期保存，一般是晒干。从而导致不同的食用和烹调方式。

坚果和水果一样，植物学上的定义比一般意义上的术语更受限制。植物学上，坚果是果实，尤其是单种子果实，包裹有坚韧、干燥的外壳。一般说来，"坚果"是一种包裹有硬壳的可食用的果仁。因此，坚果不是严格意义上的果实，如杏仁；甚至不是果实，如花生，都被当作坚果来对待。

坚果一般含有少量的水、中等含量的蛋白质和大量的脂肪，主要是不饱和脂肪酸。其高脂肪含量使坚果容易酸败，并散发出难闻的味道。

坚果经常烘烤以增加风味，作为零食食用，带壳吃，整个吃，切碎吃。在许多料理中作为配料加入甜味或咸味菜肴中。

落叶果树

澳洲青苹果

一种澳大利亚苹果品种，表皮油亮，成熟时呈亮绿色，果肉白色，口感爽脆，酸爽多汁。同时作为水果直接食用和用于烹饪，烹调后易压成泥。

金冠苹果

在美国广泛种植的品种。形状略长，表皮浅黄绿色，果肉清甜多汁，成熟为金黄色后，果肉更加甜糯。是一种用途较广的苹果，非常好吃，烹调后仍能保持形状。

蛇果

美国水果苹果的主要品种。果核周围有五个孔，形状略长，表皮深红，有些有条纹。果肉香甜多汁，但是缺少酸味，所以略显清淡。

红粉佳人苹果

一种原产于澳大利亚的苹果品种，金冠苹果与威廉女士苹果（澳洲青苹的杂交品种）的杂交品种。表皮黄中透红，绵密爽脆，酸甜可口，是一种出色的甜点苹果。

红威廉梨
一种红色表皮的快熟威廉梨品种，也被称为红巴梨。果肉呈奶白色，细腻多汁，奶油质感，也很适合进行烹饪。

考密斯梨
一种大而矮胖的梨品种，表皮黄绿色透红，有斑点。是无可比拟的餐后水果，质地细腻柔软多汁，甜美芬芳。

梨的成熟
梨，果肉包裹着有籽的果核，是梨的果实，温带地区重要的木本水果。与大多数水果不同的是，梨最好在成熟前采摘。梨由内至外成熟，在数小时内即可达到完美的成熟状态。

杏子
温带蔷薇科植物的圆形果实，气味芳香，皮薄，柔软，呈浅黄色至深橙色，果肉黄橙色，柔软甜美，包裹着一颗大而粗糙的果核。可以直接食用、水煮、烤。制成馅饼，用于填馅或作为果酱食用。中东料理中，被用于制作糖果和咸味菜肴，特别是与羊羔搭配。果核带有微苦的杏仁味，含有有毒的氢氟酸，因此使用前需要烤制。

核果（桃子、李子和樱桃）

油桃

一种桃子，表皮光滑，无绒毛，呈黄色和红色，据果核与果肉的分离程度来看，既不是黏核也不是无核。黄色或白色的果肉与果核分离。成熟时，浓郁多汁，可以生吃、水煮或用于烘焙。

李子

温带蔷薇科植物的果实，表皮光滑，果肉包裹着中心内核。品种多样，形状从圆形到椭圆形，表皮和果肉颜色从绿色到黄色、红色和紫色不一，口味由酸至甜。可作为水果直接食用，或用于烹调。可以生吃，水煮或用于烘焙以及制成酱汁和果酱保存。

桃

大而圆的温带蔷薇科果树的果实，表皮柔软，颜色多样，有粉红色、红色、黄色等，果肉通常为粉红色或橙色。以油桃来说，根据核与果肉的分离程度来看，既不是黏核也不是无核。成熟时果肉柔软，甜美多汁，趁新鲜时食用，十分受欢迎，可以浸软，水煮或用于烘焙。

樱桃

小而圆的温带蔷薇科水果，皮薄，果肉包裹着果核。两种主要种类：酸樱桃，细分为酸樱桃（浅色，果汁清澈）和绿樱桃（深色，果汁深色），烹调后食用；以及甜樱桃，从白色（实际上是黄中透红）到黑色（暗红色到黑色），果肉坚韧多汁，干燥变软的果肉，可以作为水果直接食用。这种酸酸甜甜的品种，无论是红色还是黑色的，都被称之为公爵樱桃。

柑橘类水果

白葡萄柚

大而圆，从柚子中分离出来的柑橘类水果，表皮黄色，果肉黄白色，有无果核则取决于品种。味道苦涩，主要生食，或斜切两半，取出果瓣，或用于沙拉。也可以制成果酱，果皮制成蜜饯。

柠檬

一种椭圆形的亚热带柑橘类水果，表皮黄色，果肉白色。作为水果直接食用太酸。烹饪中，它是一种重要的酸味来源和调味品。酸味的果汁用来增强风味，防止变色，以及解腻，同时也使用其芳香的精油物质作为一种调味。

红葡萄柚

白葡萄柚的变种，金粉红色的表皮，果肉无籽，呈红宝石色。尽管仍然有苦味，但红葡萄柚比白葡萄柚更甜。

苦味

　　葡萄柚的苦味来自柚皮苷，一种刺激味蕾的香味化合物。虽然柚皮苷有益的特性使其有"脂肪燃烧"水果的美名。同时柚皮苷也干扰一些消化酶，影响身体新陈代谢，减缓某些药物的分解。

克莱门氏小柑橘

柑橘品种（可能是柑橘和酸橙的杂交品种）。小，皮橙色，薄而易剥，果肉橙红色，几乎无籽，浓郁甜美。

脐橙

甜橙的一大品种，皮紧实，易去，有卵石花纹，橙皮气味浓郁，有着象征性的脐状末端。味道丰富，通常无籽，非常适合食用。

柑橘

一种小型柑橘类水果，类似扁平的橙子，有气味芳香的松散的橘黄色表皮，以及易于分离的甜而多汁的果肉。在英国，柑橘指浅色、味道温和、有籽的地中海柑橘，而在美国，则指的是表皮颜色更深的，有皮下橘络的柑橘。

明尼橘柚

明尼橘柚是柑橘和葡萄柚的杂交品种。光滑的深橙色的表皮末端有一个独特的凸起，易去皮，果肉少籽多汁，酸甜可口。

青柠

一种小型热带柑橘类水果，皮薄，呈绿色或淡黄色，气味芬芳，果肉偏白，多汁，非常酸爽，作为水果直接食用太酸，因此，通常用于烹饪中增加酸味以及增香。真正的青柠是墨西哥青柠，西印度或佛罗里达青柠；大溪地青柠或波斯青柠的青柠风味更淡。

瓜

西瓜

一种有不同颜色、大小的瓜类。通常情况下，体型较大且重，有圆形的或椭圆形的，表皮光滑，呈绿色，瓤有黑籽，呈红色或粉色。西瓜应趁新鲜时食用，它的果肉含水量达90%，味道清甜，尽管略显平淡却十分清新。果皮通常进行腌制或储存在糖浆里，种子通常烤制去皮后作为零食。

香瓜/甜瓜/哈密瓜

一种夏季甜瓜品种，表面有明显的网状纹络覆盖。成熟时，气味芳香，通常果肉为橙色，多汁甜美。它以多种名称为人知晓，包括网纹蜜瓜；在澳大利亚被称为硬皮蜜瓜，在北美被称为罗马甜瓜。然而真正的罗马甜瓜则是另外一种甜瓜，包括夏朗德（Charantais）、加利亚（Galia）和欧吉（Ogen）。

蜜瓜

一种冬季甜瓜品种，椭圆形，有明显的香味，拥有较为光滑的、奶黄色厚皮以及浅绿色的多汁果肉。

葡萄

葡萄

　　葡萄属浆果，成串生长，果实饱满，小而圆，表皮光滑，果肉多汁，可能含有四颗籽。葡萄通常以外皮颜色进行分类：白葡萄包括浅黄绿色到亮绿色的葡萄，红葡萄包括亮红色到紫黑色的葡萄。也以用途进行区分：水果葡萄（也被称为食用葡萄）、榨汁葡萄、果干葡萄和酒葡萄。葡萄的含糖量都很高，食用葡萄拥有更为紧实的果肉和更低的酸度。

　　大约有60种葡萄，在温带地区培植最为广泛。一些北美当地的抗寒品种，特别是蓝布鲁斯科葡萄，又被称为"滑皮葡萄"，结出的果实具有野性朴实的自然气息和麝香香味。

一些葡萄品种

汤普森无籽葡萄，又称为苏丹女神，是最广泛种植的食用葡萄种类。黄绿色，中等大小，椭圆形，皮薄无籽，多汁而且甜度很高。

麝香葡萄指一部分葡萄品种，其中包含一部分白葡萄和红葡萄，皮厚，味道非常甜美，气味芳香，果肉口味极佳。哈尼普特（Hanepoot）、亚历山大麝香（Muscat of Alexandria）葡萄在南非公用荷兰语中的传统叫法是"蜂蜜罐"的意思，是一种大的，椭圆形，黄绿色的，有籽，果肉厚实的葡萄。汉堡麝香葡萄，或称为紫玫瑰香葡萄，一种大的，椭圆形，蓝黑色的，并且有强烈的风味的葡萄，是第二广泛种植的葡萄品种。

火焰葡萄（Flame），红色，中小型，圆形，皮薄少籽的葡萄品种，果肉厚实多汁，口味甜美。

帝王葡萄（Emperor），红色的，个头较大，长椭圆形，皮厚多籽的品种，有着柔和的气味。

康科德（Concord），是蓝布鲁斯科葡萄的一种，大部分在美国被发现，蓝黑色，个头较大，多籽并且有着粗犷气息的葡萄。

浆果

红醋栗

一种小型的圆形红色浆果，尾部有一簇枯萎的原花残骸。皮薄，有光泽，果皮通常呈半透明状，包裹多种子的多汁果肉。它是一种夏季水果，主要生长在北温带地区。味道强烈刺激，红醋栗大多情况下需烹饪后食用，制成蜜饯或甜点，如北欧水果羹和英国夏季布丁。

覆盆子

一种蔷薇科悬钩子属的水果。本身有籽，围绕着一根果芯生长，果实成熟时采摘。有轻柔的毛茸茸的表面，通常为红色，也有金色或白色。许多人认为覆盆子是最好的浆果。覆盆子果肉绵软，风味强烈，口味甜美微酸。有夏季种和耐秋品种，但都在凉爽的气候条件下生长。

草莓

呈圆锥状，表面有光泽，肉质肥厚，通常为红色的蔷薇科草莓属的假果（果实的食用部分是由子房和花托、萼等其他部分共同发育而成的）。草莓的食用部分实际上是一个膨胀的花托，真正的果实是嵌在肉质表面的黄色的种子，或称为"瘦果"。野生草莓或高山草莓很小，呈细长状，口味较为刺激。而更常见的栽培品种味道相对柔和。大多数草莓是夏季水果，草莓十分芳香，果肉多汁，成熟时采摘。大多直接食用，也经常和奶油或糖一起食用。

蔓越莓

一种圆形或椭圆形的杜鹃花科越橘属水果，由于成熟时会上下晃动，也被称为"御膳橘"。野生蔓越莓生长在欧洲北部和北美洲的沼泽地带，也有商业化种植。蔓越莓味道极酸，一般被制成口味强烈刺激的酱汁和果冻搭配野味，最著名的搭配就是火鸡。蔓越莓果汁有很高的维生素C含量，包含苯甲酸和一种天然防腐剂，有良好的抗氧化性。

海角醋栗/酸浆

与醋栗不同的是，这些圆圆的、樱桃大小的黄绿色或金橙色果实被封闭在一个米色的膨胀纸质萼或皮中。薄且光滑的外皮包裹着酸甜多汁的果肉和很多微小的种子。海角醋栗可以直接单独食用，或与其他菜肴混合，以及制成甜点或果酱。海角醋栗也被称为灯笼果、金浆果和地樱桃。

黑莓

一种悬钩子属的水果，本身有籽，围绕果芯生长成锥形，整个食用。这种多汁的浆果可以生吃或者烹饪后食用，烹饪时通常和苹果搭配。野生黑莓通常被叫作灌木黑莓。

蓝莓

一种小而圆、肉质肥厚的越橘属栽培水果。表皮光滑，呈蓝黑色，有银白色的花，包裹着有微小籽的浅绿色或白色果肉，多汁并且酸甜适中。可以生食，或制成馅饼、玛芬蛋糕、果酱和果冻。

热带水果

百香果

一种鸡蛋大小的热带水果；也被称为西番莲。表皮坚硬，呈深紫色，成熟时略有褶皱，黏稠的橙色果肉包裹着许多小的黑色种子。气味芳香，味道浓郁，酸甜可口，果肉可以直接食用，在甜点制作中可以直接使用或去籽使用。

番石榴

一种热带水果，有不同的大小、形状和颜色。番石榴有一个柔软的内核，通常含有被些许颗粒状的果肉包裹着的小而硬种子，香气四溢，酸甜可口。番石榴应当趁新鲜食用或制成蜜饯。

菠萝

一种圆柱形的热带水果，有绿色钻石状刺；表皮呈金黄色，顶部有蓝绿色多刺叶，果肉呈黄色且多汁，气味芳香，口味酸甜。由于采摘后无法继续成熟，菠萝必须在芳香成熟时采摘。"刺眼"和木质芯食用时需去除，可以生吃或熟吃。生菠萝含有菠萝蛋白酶，是一种蛋白消化酶。

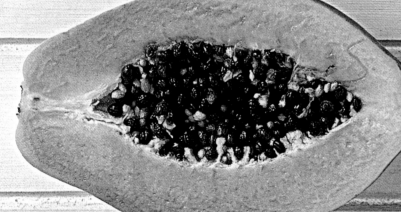

番木瓜/木瓜

一种果实通常为梨形的热带水果，也被称为木瓜。皮薄，厚肉质层由浅绿到黄橙红色即为成熟。未成熟的木瓜在东南亚沙拉中被切碎食用，或当作一种蔬菜进行烹饪。成熟的木瓜是软糯香甜的，通常直接食用，其缺少的酸味可以通过添加柠檬汁进行调整。辛辣的灰黑色种子在果实中腔中，尽管可以食用，但通常会被去弃。

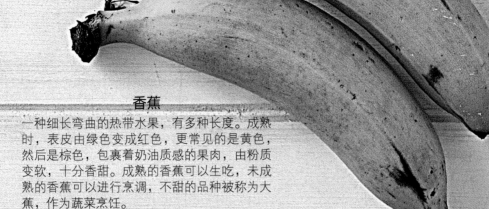

香蕉

一种细长弯曲的热带水果，有多种长度。成熟时，表皮由绿色变成红色，更常见的是黄色，然后是棕色，包裹着奶油质感的果肉，由粉质变软，十分香甜。成熟的香蕉可以生吃，未成熟的香蕉可以进行烹调，不甜的品种被称为大蕉，作为蔬菜烹饪。

狝猴桃

一种椭圆形的鸡蛋大小的水果，原名中国醋栗（Chinese Gooseberry）。有毛茸茸的外皮，呈浅棕色，果肉为浅绿色，数以百计的微小的黑色种子围绕一个白芯生长。成熟时，味甜微酸，可生食。富含维生素C，同时还含有一种蛋白质消化酶。

杧果

一种珍贵的热带水果。有不同的形状，如圆形，椭圆形或肾形。成熟时，其坚韧的表皮为深绿色和黄色，常有红色。橙色或黄色的果肉包裹着一个大而扁平的果核，富含纤维的果肉多汁，味道丰富，酸甜平衡，有树脂的芳香。

异域水果

释迦果

一种亚热带水果，又称番荔枝。皮薄，柔软，呈浅绿色，鳞片状，表皮无法食用。果肉为奶油色，嵌有大而坚硬的、有光泽的黑色或棕色种子。质感类似于卡仕达蛋奶冻，味甜，带有细腻的热带风味。

红毛丹

一种表皮为红色或黄色的软刺状的椭圆形热带水果。果肉半透明，呈珍珠白色，有一颗外皮坚实的、有光泽的细窄褐色种子。和荔枝是近亲，非常芳香，果肉坚实多汁，酸甜不一。

塔马里罗/树番茄

一种蛋形的茄科亚热带水果，原名树番茄。皮薄，光滑，坚硬，果肉为橙色至深红色，多汁，味道极酸，橙色或红色的果肉包含许多小黑种子。可以舀出来生食或烹调后食用。

椰枣

枣椰树的果实，肉质肥厚丰满。椰枣为黄色、棕色或红色，包含约55%的糖分。果实为椭圆形或球形，可达7.5cm长，种子细窄有沟槽。

石榴

一种大的圆形水果，表皮坚硬，质地坚韧，呈黄色至深红色。可食用的闪亮的半透明深红色果肉包裹着数不清的种子，嵌在生涩的淡黄色隔膜上。味甜而酸，多汁的果肉被当作种子食用，或用于装饰。

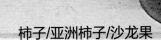

荔枝

一种圆形的亚热带水果，皮薄，有疣状凸起，质感柔韧，呈淡红色。果肉半透明，珍珠白色，包裹着有光泽的褐色种子。多汁香甜，并有麝香香味，果肉有弹性，可以生吃或稍加烹制。

柿子/亚洲柿子/沙龙果

一种冬季成熟的亚热带水果，颜色、形状、大小和涩味各有不同。和番茄一样，表皮薄而光滑，明亮，呈橘黄色到红色，果肉呈橙色，有一个大而干的绿色花萼。生涩的品种含有单宁，必须等成熟到果冻的柔软度方可。表皮半透明，可以食用；不涩或甜的品种，例如无籽沙龙果，可以在硬的时候食用。其他名称包括日本柿子和东方柿子。

杨桃

一种热带水果，星状截面，也称为五敛子，五个角像五个手指。品种多样，表皮可食用，呈黄色，蜡状半透明，果肉爽脆多汁。可以趁新鲜生吃，或者将棱边部分修剪掉，或烹制后食用。

无花果

温暖气候条件下生长的无花果树的果实。球根状、花瓶状的外层软结构内，是柔软的粉红色或紫色的果肉，内含有微小的上百粒种子状的果实。表皮和肉都可食用。有四个主要类型，数百个品种，按表皮颜色分类：白色（包括绿色），红色和紫色/黑色。通常很甜，可以生吃，水煮，烘焙或扒。

大黄

茎长，爽脆肥厚，带有红色阴影，植物学意义上属于蔬菜，但一般作为水果使用。强烈的酸味需要相当的甜味进行平衡。经常与草莓、姜、橙子或当归一起食用，茎需要烹调后食用，特别是在馅饼中食用，因此被称为"馅饼草"（pie plant）。叶有毒，无法食用。

果脯

西梅干

整个甜李子去核，晒干，表皮颜色深。甜而有嚼劲，表皮黑色，有褶皱，果肉为琥珀色。西梅干有李子独特的风味，现代的多汁西梅干是经过再水化处理的。

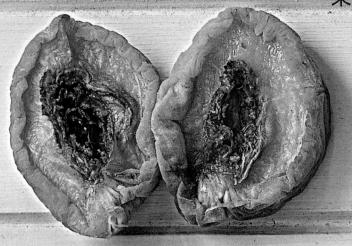

桃干

未去皮的桃肉，切半，去桃核，干制。软硬适中，有柔和的桃香味。

枣干

部分干燥却依然饱满的枣果。表皮呈有光泽的红木色，果肉扎实，非常甜美。

果干

干燥，蒸发天然水分，是已知最古老的食品保藏方法之一。按照传统，食物是在太阳下晒干的，现在则更多采取更加可控的热空气烘干。

对于水果来说，脱水使味道大大浓缩，质地改变。维生素A和维生素C所剩无几，但其他营养成分仍能保留。最终含水量在15％至25％之间。

为了防止褐变，保持颜色，浅色水果在制作果干的过程中经常被喷洒硫化物。

果干可以当作零食食用，或用于烘焙食品，蜜饯，制作填馅，也常浸泡在水或酒精（红酒，白兰地或其他烈酒）中进行复水。

杧果干

条状或块状的成熟杧果果干。质地坚韧，糖分高的水果应当再水化处理后使用。复原后，气味和味道与新鲜杧果类似。

蔓越莓干

皱缩的、深红色蔓越莓果干。带有天然的糖分，保留了新鲜的酸味。甜蔓越莓果干可以像葡萄干一样使用。

杏干

杏去核，对半切开，晒干。非常甜，略带焦糖味，但仍有强烈的酸味，质地柔软坚韧。可以充分干燥或复水恢复柔软饱满状态。

无花果干

整个无花果晒干，压缩。与新鲜无花果完全不同，非常甜，柔软有嚼劲，中心潮湿，种子松脆。

苹果干

苹果去皮去芯，切成环状，晒干。柔软坚韧，味甜，略带新鲜苹果的酸味。

酸无花果干

一种野生的质感肥厚、酸甜多汁的果实，晒干而得，通常被称为日中花（fig-marigold），发现于南非开普海岸西部。通常用于制作果酱、糖浆和糖果。

梨干

梨子去芯，对半切开，晒干。质地柔软坚韧，与其他果干相比甜度更低。保留了梨本身的微妙芳香。

葡萄干

整个葡萄晒干，果实皱缩，呈黑色，非常甜。传统方法使用带核的麝香葡萄用阳光晒干而得，现在用去核葡萄制作葡萄干，或使用无核品种制作。

坚果

巴西坚果

一种长的三棱状亚马孙丛林植物种子，包裹在一个三角形的木质褐色外壳中。富含单不饱和脂肪酸，果皮呈棕色，奶油色的果肉质地柔嫩，味道浓郁柔和。

榛子

温带榛子树的果实。小而圆，有一个尖头，光滑坚硬的棕色外壳内是被棕色果皮包裹着的奶油色果肉。也被称为大果榛（filbertcob nuts），尤其是栽种品种。

腰果

一种奶油色的肾形热带坚果，有奶油的香甜，质感松脆。通常带壳售卖，非常受欢迎，在中餐和南印度料理中大量使用。

碧根果

温带核桃树的果实。光滑的褐色椭圆形外壳中是褐色果皮包裹着的米色果肉，有脊沟，与核桃是近亲。口味浓郁，有奶油香气，富含单不饱和脂肪酸。

核桃

温带核桃树的果实。圆形的棕色外壳内是棕色外皮包裹的奶油色脊状、沟槽状果肉，像两半大脑。有多种烹饪用途，富含多不饱和脂肪酸。

杏仁

温带杏树的果实。有凹痕的米色外壳内是扁平的、尖椭圆形的奶油色内核，有粗糙的表皮，一般被去除（去皮）。甜杏仁品种有非常细腻的风味。

夏威夷果

原产于澳大利亚东北部的一种树的坚果。通常连壳售卖，去壳后，果肉为球形，表面光滑，呈奶油白色，富含单不饱和脂肪酸，口味浓郁滑嫩。

开心果

亚洲本土树种的果实。成熟时，饼干色的壳裂开，露出覆盖着略带紫色表皮的绿色果肉。味道柔和，有时带有树脂气味，富含不饱和脂肪酸。

花生

在西方国家流行的小吃，通常烤制或腌制，在亚洲和非洲，花生是一种主要产品，用于沙爹酱、咖喱和炖菜（见56页）。

带壳花生

花生不是真正意义上的坚果，花生是豆科植物生长在地下的种子，因此也称为落花生（groundnuts）。花生的壳，实际上是干豆荚，薄而脆，表面布满网状的皱纹，十分容易剥离。

椰子

热带椰子树的果实，包裹有褐色的纤维外皮。成熟时，椰子坚实、纤维状的白色果肉以及薄薄的一层棕色果皮被硬壳包裹。椰子肉富含饱和脂肪酸。

豆类和种子类

种子是植物的受精胚珠，播种后可以长出新一代相应的植物。在种子的保护层内包含的养料是人类丰富的滋养来源。

对于烹饪来说，"种子"的定义更为狭窄，它们通常都很小，包含膳食纤维、矿物质和不饱和脂肪酸，并含有适量的蛋白质和少量的淀粉。有些作为食物食用，而其他的主要作为调味品。豆类是豆科植物的可食用的种子，生长在肥厚的豆荚中。这个词汇可以指新鲜的种子，也可以指干的种子，通常为干豌豆、豆类和扁豆，这是这一章我们主要讨论的内容。

在人类的饮食中，豆类自古以来就是主食。它们是优良蛋白质的来源，含有谷类食品中所缺乏的必需氨基酸赖氨酸。因此，豆类与谷类食品一起食用可以使氨基酸补充完全。豆类富含复合性碳水化合物、B族维生素和一些必需的矿物质。与种子不同的是，除了一些明显的例外，豆类通常含有较少的脂肪。

有些豆类中含有抗营养因子和有毒物质，其中许多可以通过适当的烹调变性。最明显的特性是豆类易引起胃肠胀气，容易使人释放臭味气体：这是由寡糖引起的，在人体的消化过程中，消化酶无法处理低聚糖，这些糖分进入大肠后仍保持不变，它们被细菌代谢，在这一过程中散发出气体。

种子

芝麻

芝麻植物小而扁平的、泪滴状蜡质种子，根据品种不同有不同的颜色，从最常见的奶白色到亚洲流行的黑色。味道温和香甜，有坚果味，适度松脆，黑色品种的质感在两者中更为突出。白芝麻在欧洲烹饪中主要用于撒在面包上，在中东料理中，也被磨成糊（tahini,芝麻酱），以及压制成一种名为哈尔瓦（halva）的甜食。在中国，被用于制作油炸食物的酥脆外壳，而在日本则作为一种调味品。

葵花籽

向日葵植物的果实。通常被浅黄褐色和黑色的条纹硬壳包裹，可食用的米色果仁较小，呈扁椭圆形，有尖头。口感坚实，味道微甜，略带坚果味。作为一种零食非常流行，生食或烤制，直接食用或加盐，也被添加进早餐谷类食品、烘焙食品和甜食中。

烘烤种子

　　烘烤种子可以增强风味。如果不需要另加烹调，食谱通常要求种子在使用前烘烤上色。加热需要温柔小心，因为种子的高脂肪含量导致其很容易燃烧。

　　由于种子的重要组成部分是不饱和脂肪酸，非常容易酸败。为了延缓变质，它们应当在阴凉、避光处密封保存。

南瓜子

成熟南瓜的种子。外壳乳白色或者棕色，包裹着扁平的椭圆形暗绿色果仁。质地坚实并且有着微妙的味道，南瓜子作为一种小吃食用，连壳整个食用或者去壳食用，可以生食、烘烤以及炒制，或作为沙拉配菜和用于烘焙。去壳的果仁也称作珀皮塔（pepitas），是墨西哥烹饪中的一种传统的原料，用来增稠酱汁。

松仁/松子

各种松树的种子，最珍贵的是地中海石松的种子，也被称为矮松果、食松。松子从松果中取出，小，呈象牙色，形状像一滴三角形的泪珠。质地相对柔软略有些粉糯，味道精致，带有树脂芳香。用于甜味和咸味的菜肴，尤其在中东和地中海料理中大量使用。

豆荚（豆类）

扁豆/菜豆

小而白的橄榄形的豆子，烹调后，质地顺滑，尽管味道温和，但十分适合吸收其他味道。这些多用的豆子，通常被用于焗豆。

红腰豆

有着典型的肾形，表皮深红，果肉为奶油色的豆子。风味浓郁，质地粉糯，在墨西哥料理中大量使用。

波罗蒂豆

大的肾状豆，米色表皮，有红色斑点，煮熟时呈褐色。质地丝滑，有火腿风味。

墨西哥黑豆

表皮黑色，有光泽，有浓郁的烟熏、蘑菇气味，质地顺滑。也被称为龟豆，在拉丁美洲和西班牙很流行。

利马豆

大的，表皮完整，略扁平的白色利马豆品种，也被称为马达加斯加豆。黄油般的风味，质地顺滑，通常制成浓汤。

赤豆

气味甜美的黄褐色小豆，也被叫作红豆。在亚洲，尤其是日本料理中流行，主要用于甜品。

法国嫩白豆

肾形，淡绿色表皮的嫩扁豆。味道精致，是法式烤羊肉的经典搭配。

富尔梅达梅斯

小而圆的棕色蚕豆，也被称作埃及棕豆。是埃及的一种主食，与流行的传统食物同名。

蚕豆

大而扁平，表皮坚硬，呈绿色，米色或棕色，也被称为fava（意为蚕豆）、温莎蚕豆、马豆。煮熟后，质地顺滑，软糯。保留第一层表皮可以大大提升风味。

大白豆

大而白的肾形豆，有着方形的尾部。在意大利烹饪中很流行，气味温和并且质地松软。大而圆的北方豆子也常作为大白豆被售卖。

黑眼豆/黑眼豌豆

有着黑色斑点，小而有霜皮的豆子，也被称作黑眼豌豆或者奶牛豌豆。气味温和，是美国南部"灵魂食物"的象征。

绿豆

有着黄色内核的、小型橄榄色表皮的豆子。整个使用，不需要浸泡，快速烹饪有着轻微的甜味并且易于吸收。

大豆

小的椭圆形的豆子，黄色至棕色和黑色都有。是极好的蛋白质来源，并且在亚洲的大部分地区是主要食物。

干豆准备

所有的干豆，除了绿豆，都需要在烹调前进行浸泡。有两种方法，每种方法都有各自的优点。"慢泡"，豆子需要被浸没在水中好几个小时，通常要一整个晚上，它们复水得更好，但是除非保持凉爽，否则会有发酵的风险。"快泡"豆子首先煮开5分钟，然后浸没2小时，这会快很多，因为没有复水完全。它们在烹调时更易碎裂。浸泡豆子的两种方法可以使豆子的体积膨胀3倍。

为了提升可消化性，不使用水浸泡，而是用水煮。一些食谱提倡加入一些碱化剂比如苏打来加快烹调，然而这会破坏其营养素。不要加入酸性物质使其进一步软化。

某些豆子，尤其是利马豆和腰豆，含有天然氰代谢形成的氰化氢气体，会抑制呼吸，可以通过烹调去除，但要把锅盖揭开让气体逸出。

豌豆和扁豆

绿豌豆仁

干燥的绿豌豆，随着外表皮脱离，会对半分开，不需要提前浸泡，烹调过程中会碎裂。温和朴实，在欧洲烹调中，最广泛用于制作浓汤，尤其是跟火腿一起使用。在印度，是一种木豆，意思是"裂开的脉搏"，称作重要木豆，并且被用在木豆浓汤里。

黄豌豆仁

干燥黄豌豆，随着外表皮脱离，会对半分开，就像绿豌豆碎一样，不需要提前浸泡，烹调过程中会碎裂。黄豌豆仁和绿豌豆仁通过相同的方法使用（见上方），并且能够用花园里的豌豆或者田地里的豌豆制作。

整个干豌豆

干燥成熟的整个豌豆，有着微微皱起的暗蓝绿色表皮，也被称作蓝豆。需要长时间的浸泡，可以炒成粉状的糊化物。传统上，用于浓汤里和布丁里。在英国，豌豆泥是炸鱼薯条的一种流行配料。烘烤后调味，是一种印度小吃。

普依扁豆

小型豆科种子，暗绿色，有着蓝色的大理石花纹，生长在法国奥弗涅地区的普依，烹调的时候，可保持形状并变成棕色。被认为是拥有扁豆质地和气味的最好品种。绿山扁豆是一种相对昂贵的品种。

鹰嘴豆

圆形鸟嘴状的豆类，有着开沟和浅黄褐色的厚皮。一般干吃，非常硬，需要初步浸泡。坚果气味浓郁，粉状质地。多在西班牙料理中使用，中东和印度料理，通常用于制作浓汤和沙拉三明治的底。它们也被称作鹰嘴豆（garbanzo bean）和孟加拉扁豆（Bengal gram）。

棕绿扁豆

小而圆，双凸豆类植物干燥的种子。保留茶绿色的完整的表皮，整个售卖。也被称为绿色扁豆或者大陆扁豆。烹煮后，可以保持形状，用于重口味菜品中或与珍贵菜肴搭配。

红扁豆

小而圆，双凸豆类植物干燥的种子。带皮售卖或以果仁的形式售出。它的颜色是三文鱼般的橙色，能够快速烹调成黄色的浓汤。也被称作埃及扁豆和木豆，气味辛辣，用于汤和浓汤中。

乳制品和蛋制品

乳制品包括牛奶以及其衍生品，是一种不透明的白色液体，雌性哺乳动物分泌。作为新生儿的唯一食物，奶类营养丰富。没有特别指代的"奶"通常指的就是牛奶。许多其他哺乳动物的奶也是人类食物的来源。

牛奶结构复杂，是由脂肪球、蛋白质、盐、糖和水中维生素的溶解物构成的乳状液。大部分的奶类包含相同的物质，控制一种物质到另一种物质的比例并且根据种类确定相同的个体。

当新鲜的奶类静置时，脂肪球会变得足够大以至于残留物无法悬浮，且比水轻，最后升到顶端，形成一个油腻的层称作奶油。奶油是奶类脂肪分离出来的产物，现在一般通过离心机得到奶油。

就其本质而言，生奶很好，但是易受污染，许多奶制品都有控制这一点的措施，有些则利用这些措施获得优势。

通过确定乳酸的细菌的转换物能够生产酸奶和酸奶油。目前，常规巴氏杀菌——高温和时间的结合，破坏了生奶中的大部分微生物，既有害又有益。

多数牛奶中的油脂粒分布均匀，使得牛奶可以通过微小的孔。牛奶也破碎成较小的脂肪球从而分散在牛奶和"非奶油"制品中。

蛋是一种球型繁殖体，由雌性动物生产。包含潜在的胚胎，重要的是，其营养物质储备封闭在一个壳或膜中，非常有营养。所有的蛋都是由一层黏稠的透明液体围绕着一个不透明的黄色"蛋黄"的圆形囊构成的。蛋清主要由水和蛋白质组成，而蛋黄由蛋白质、蛋黄液和脂肪组成。

蛋壳是多孔的，气味、水和空气可以通过蛋壳。在鸡蛋大的一端为气室，看其大小判断卵龄。鸡蛋的新鲜度可以通过是否含有足够的空气使其浮起进行测试。

牛奶和奶油

全脂牛奶

牛奶是牛生产出来的。又称全脂牛奶，平均含有3.9%的乳脂（奶油），不一定会达到这个值，有可能会高于这个值，也可能会低于这个值。

低脂牛奶

离心除去一半乳脂（奶油）的牛奶，留下2%的乳脂含量，比全脂牛奶看起来颜色更白，更稀薄。但是通常也有半脱脂。

脱脂牛奶

牛奶乳脂含量低于0.15%，几乎所有的脂肪（奶油）都被离心去除。也称脱脂乳，相对苍白稀薄。

山羊奶

非常白的奶制品。除了不含叶酸外，与牛奶的成分相似，糖和蛋白质稍少，平均脂肪含量4.1%。

奶粉

牛奶蒸发，通常是采用喷雾干燥，直到几乎所有的水被蒸发。低脂牛奶是首选，因为在蒸发过程中脂肪迅速氧化，会影响风味。所以又叫干燥奶，可以在凉爽密闭的环境下保存了好几个月。用于烘焙，或者复原乳。

脱水牛奶

牛奶浓缩蒸发高达60%的原水，然后均质、罐装和高温消毒。浓稠，带有煮熟的焦糖味，用作奶油替代品或稀奶油，全脂牛奶（甜点和烘焙食品）。未开封时保质期长。

炼乳

牛奶浓缩后蒸发到原来的水分的60%，然后加糖后装于罐头。由于含糖量高，所以可以保存得很好。有强烈的甜味，醇厚黏稠，用于甜点、烘焙和糖果。

脱脂乳（酪乳）

发酵奶油搅拌成黄油后的液体。如今，脱脂牛奶是特殊的酪乳发酵文化下轻微发酵的产物。低脂肪，微酸浓厚，有流动性，可以饮用或用于制作煎饼和烘焙。

稀奶油

稀奶油中至少含有18%的乳脂。在美国被称为稀奶油和淡奶油，作为一种浇型奶油，不可打发。

浓缩奶油

可流动奶油，含有35%乳脂含量，少量的增稠剂，如明胶、肾素或海藻酸钠等添加剂。打发后，能保持较大体积且水乳分离的可能性极低。

厚奶油

一种真正均质奶油，乳脂含量在48%。厚厚的奶油不可倾倒，不能打发，不像奶油（奶油见下文）。

酸奶油

采用巴氏杀菌，均质为稀/淡（18%脂肪）奶油，产生的乳酸变多，味道变酸，有着刺激性气味。有时添加稳定剂。如果煮沸，酸奶油会凝结。

斯美塔娜
（俄罗斯酸奶油）

质地浓稠的酸味奶油，是酸奶油和新鲜奶油的混合物，味道比酸奶温和，多在俄罗斯、中欧和东欧的料理中出现，因为酸味是由细菌发酵产生的，所以斯美塔那通常保质期较短。

鲜奶油

来自法语，鲜奶油实际上是乳脂含量略高的奶油。浓厚，浓郁的法国菜多用的食材；不凝结，多用于甜点。

奶油：等级及其脂肪含量的判定

脂肪决定奶油的浓郁和凝结程度：脂肪多，奶油更加浓郁，加热时更不易凝结，在一定程度上，更易打发（见下文）。因此，奶油按脂肪含量分级。等级的精确内容及其标签因国家而异。

百分比是最小乳脂含量。
- 半脂奶油，也称为顶部牛奶（英国）12%脂肪；半脂奶油 10.5%。介于牛奶和奶油之间，不能被打发。
- 单倍奶油（美国），至少18%。
- 中奶油（美国）25%。

- 淡奶油（英国）和纯奶油（澳大利亚）为35%；浓缩奶油（美国）30%～36%。
- 浓奶油（美国）范围为36%～40%。
- 高脂肪浓奶油（英国）浓奶油（澳大利亚）是48%。
- 凝结奶油（英国）是最厚的奶油，都在55%。用茶匙采用。

打发需要奶油含有的脂肪含量至少20%（30%～40%是理想的）。这将产生一个原始体积两倍的轻泡沫。超过40%脂肪含量的奶油和黄油更容易变得凹凸不平。

黄油、酸奶和非乳制品类

含盐黄油

添加不同量盐的糖或乳酸黄油。除了可以作为防腐剂，盐还增加了风味。含盐黄油更易燃烧，是最常见的一种类型。

无盐黄油

没有添加盐的糖或乳酸的黄油。没有防腐剂，比含盐黄油更容易变质。含杂质少，不太可能燃烧，更适合烹饪和制作甜品。

农场黄油

传统方法制作，通常都是在制造奶油的农场里手工制作的。使用未经高温消毒、自然成熟的奶油，其浓郁饱满的微妙风味因为农场不同而不同。

酥油

印度版本的黄油。融化的黄油，从固体中分离脂肪，通过焖的方式，直到水分蒸发，固体变成褐色。酥油有坚果风味，易于保存，烟点高。

甜乳酸黄油

　　通过搅拌奶油脂肪凝结成半固体状态，黄油是一种水油乳剂，由80％的脂肪，2％的乳固体，18％的水构成。冷却时变硬，加热熔化。由未成熟的奶油制作的黄油称为甜黄油，而由乳酸菌产生的奶油制成的黄油被称为乳酸黄油、栽培黄油、熟黄油或酸性黄油。

　　欧洲大陆传统的奶油乳酸黄油，味道相当有辨识度，在英国和美国流行

　　黄油是作为一种涂抹物，风味原料和烹调用油。有相对较低的烟点，乳固体易沉淀和燃烧。为了避免这种情况发生，黄油是通过加热澄清，然后撇去乳固体。

调味黄油

由黄油、奶油和香草、香料、甜或咸味调味品（大蒜和香菜）混合制成。作为涂抹酱料，冷切片置于烤肉和蔬菜冷菜上，作为焗马铃薯浇头或搅进酱汁。

天然酸奶

由全脂牛奶或脱脂牛奶发酵，乳酸菌将其凝固起来。富含脂肪，在烹调时更稳定。质地光滑，有涩味和酸味，有多种用途。

脱乳清酸奶（希腊酸奶）

酸奶的乳清较少，传统方法是将酸奶装入棉布，用悬滴法，直到出现质地很厚的奶油，富含脂肪。适合用于甜点和或甜、咸的菜中。

豆奶

一种类似牛奶的液体，用煮沸的大豆水浸泡，然后过滤。用作乳制品代用品，可补钙。

豆奶粉

豆奶蒸发，直到几乎所有的水分被蒸发，留下固体粉末形式。使用前必须用水还原。

米浆粉

水与米饭过滤的非乳制品，乳状液体的蒸发制品。

非乳制品牛奶

乳糖，使牛奶难以消化，许多成年人，尤其是亚洲人，不能消化它。然而，在将牛奶转化为酸奶或奶酪的过程中，细菌将乳糖转化成乳酸，使产品更易消化。像酸奶、大豆和米浆这样的食物往往更容易消化，从而使营养成分更为有效。

如果吃整个大豆也难以消化，其大部分的蛋白质将直接通过消化系统。像牛奶那样提取，使其蛋白质更容易消化。

蛋

鸵鸟蛋

鸵鸟蛋，一种原产于非洲的大鸟的大型蛋。是最大的蛋类，平均重1.5kg，相当于24枚鸡蛋。有着非常坚硬的壳，所以很难破开。有明显的蛋腥味，是优质烹饪食材，最好用于烘焙，有时也会进行风干。

鹅蛋

大小不同，但其体积通常相当于3枚鸡蛋。有健壮的、坚硬的白色外壳和非常强烈的味道。最适合烹饪，用来制作的欧洲蛋糕很有名。鹅蛋经常被下在肮脏的地方，不过通常用非常新鲜的蛋并且长期煮熟以杀死细菌。

鸡蛋

鸡的蛋是最常见的蛋，通常认为蛋都一样。鸡蛋的颜色从白色到棕色都有，其品种、颜色决定鸡蛋的味道。按大小售卖，分成尺寸1（70g或以上）至尺寸7（45g或以下），美国以从小至大分类。大部分的食谱采用平均60g的蛋（英国3号或4号；美国大号鸡蛋）。

皮蛋

鸭蛋，涂石灰、木灰和盐然后覆盖着保存，腌制时间为6周，也被称为百年世纪蛋。成品为蛋清呈琥珀色的凝胶状，蛋黄颜色为白色和绿色，口感呈乳酪感，有些硫磺的味道，与蓝纹奶酪味道一样。通常冷食，去壳并用腌姜调味，作为开胃菜。

鹌鹑蛋

个头较小，约三分之一个鸡蛋大小，有比较大的。蛋黄和白色的蛋清密集的蛋。褐色斑点夹杂绿褐色斑点的外壳，粘有一层厚厚的内膜，整齐脱皮较困难。味道精致，通常水煮，有时作为蛋冻，或用作装饰。

奶酪

奶酪本质上是从大量凝结的牛奶中提取的固体，然而，不同奶酪特征非常不同，许多不同的结果由提取过程决定。奶酪的味道范围从轻微到浓烈，在香气上从若有若无到辛辣，质地从软到硬，颜色从白色到黄色到蓝色，大小从微小到巨大，在脂肪含量上从低到高，并在年龄上从新鲜到成熟，取决于中间细微之处的差别。因为存在许多变量，没有单一的标准奶酪制作方法，但是，所有奶油有一定的共同过程。首先，牛奶发酵，从而分离成凝乳（固体）和乳清（液体）。然后固体浓缩混凝剂，通常是添加凝乳酶，凝乳，"切"，有时是"煮"，然后排乳清，有些是挤压。最后，形成的奶酪有不同的成熟度：有的来自外部，由表面白色霉菌或细菌的生长，另一些由最初的起始发酵菌产生。

在凝乳中留下的水量以及相关的细度的颗粒，决定奶酪的类型，潮湿的奶酪，通常更容易受到细菌的影响，成熟更快。去除大部分水分的硬质奶酪，需要更长的时间才能成熟。

使用何种类型的牛奶也会影响奶酪的性质。不同组成成分的奶来自不同的物种和品种，不论是脱脂的，全脂的或是浓缩的，而且不论是原始的还是使用巴氏消毒的，全部有助于形成奶酪的滋味，颜色和纹理。

不同的地方同样影响奶酪的制作，动物的饮食在地理上常常具有特殊性，加上本土空气中的霉菌，给予了奶酪独一无二的性质。许多奶酪的名字来自它们的地区名。

这些变量的重要性以被授予保护原产的名称（计划）和某些奶酪的法国产地名控制。

风格和品味的多样性使得分类奶酪变得困难。除了牛奶类型和来源，经常以表皮和整体结构的性质分类。

硬质和半硬质奶酪

其他英国历史上的白奶酪

兰开夏奶酪 是白色半硬质奶酪，由三种不同的巴氏灭菌牛奶混合而成。凝乳成熟速度不同，有斑驳的纹理和温和的味道。新鲜时湿滑浓郁，成熟后易碎，易于融化，是制作威尔士兔的绝佳搭配。

温斯利代奶酪 是一种由巴氏消毒牛奶制成的硬质奶酪。新鲜时食用，白色的种类味道浓烈，湿润易碎。

白斯蒂尔顿奶酪 是由巴氏杀菌牛奶制成，同蓝斯蒂尔顿奶酪的配方相同，但省略了模具成形过程。质地易碎，味道温和，略酸。

切达奶酪

硬质奶酪，由全脂牛奶、生奶的或巴氏杀菌奶制作。传统是鼓状精致大型奶酪，成熟期1~5年，有复杂强烈的、挥之不去的味道，有坚果香气，质地紧实细腻。以它最初的名字命名。萨默塞特郡(英国)是发源地，是最著名的英式奶酪，被广泛效仿。

柴郡奶酪

一种英式硬质奶酪，由未加工的全脂牛奶或巴氏杀菌制作。质地天然细密顺滑，湿润易碎，味道微酸，咸而温和。

红列斯特奶酪

一种英式硬质奶酪，由未加工的全脂牛奶制作。颜色是红木的黄褐色，片状，味道温和。易于抹擦，融化后，是制作威尔士兔的绝佳搭配。

德比奶酪

一种英式奶酪，由巴氏杀菌的全脂牛奶制作，和切达奶酪一样，但是更加柔和，容易抹擦，风味滑润浓郁。

卡尔菲利奶酪

一种威尔士硬质奶酪，由未加工未处理或经过巴氏杀菌的全脂牛奶制作。成熟后，呈白色，质地柔软潮湿，微酸。

双格络斯特奶酪

英式硬质奶酪，由富有脂肪未加工的牛奶制作。橙色，光滑圆润，香气宜人。在当地销售的时候，有一层自然的皮。

莱顿奶酪

一种荷兰水洗凝乳的硬质奶酪，用半脱脂、巴氏杀菌的牛奶制成。带有坚果风味的细腻凝乳，用孜然和香菜籽调味。

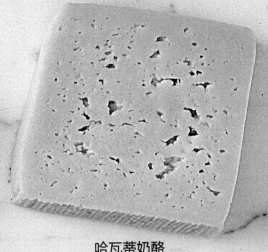

哈瓦蒂奶酪

一种荷兰半软质奶酪，由经过巴氏杀菌的牛奶制作。有小而不规则的孔洞，质地松软，奶味十足，随着时间的增长而变得刺鼻。

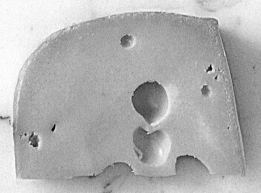

马士丹奶酪

一种荷兰的半软质奶酪，由巴氏杀菌的牛奶制作。质地柔软，有类似于爱芒特奶酪的稍大的孔洞，滑润甜美，带有坚果的味道。

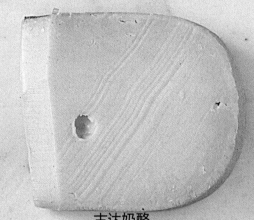

古达奶酪

荷兰水洗凝乳制的奶酪；由未加工或经过巴氏杀菌的全脂牛奶制作。光滑有弹性，并且附有小孔。有轻微的黄油气味，成熟后有强烈的复杂气味。

荷兰球形奶酪

一种荷兰水洗凝乳的半软质奶酪，由半脱脂巴氏杀菌牛奶制成。球形，质地光滑坚韧，温和的味道随时间增长而变得刺激。

老阿姆斯特丹奶酪

一种荷兰的古达奶酪种类，由巴氏杀菌的牛奶制作，成熟时间18个月，潮湿而且坚固，有坚果风味。

农家奶酪

字面意思为农民的奶酪，农家奶酪是用农场产的生牛奶制作而成。

硬质熟奶酪

蒙特利杰克奶酪

加利福尼亚的半软质奶酪，由巴氏杀菌的全脂或脱脂牛奶制作，也叫"加州杰克"或者"杰克"。新鲜时温和、光滑、湿润，一段时间后坚硬或"变干"。

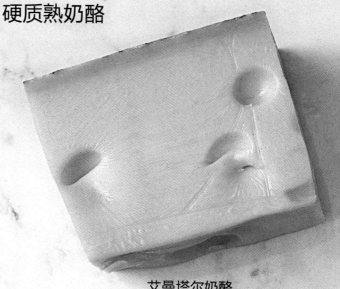

艾曼塔尔奶酪

一位瑞士厨师，将新鲜牛乳制成硬质奶酪。在放有天然果皮的大轮子中，成熟4~18个月而成。黄色的内部均匀点缀着光滑如榛子大小的"眼睛"一般的孔洞，味甜有果香。

烟熏蒙哥马利奶酪

英国萨默赛特郡的蒙哥马利制作的切达奶酪，用橡木熏制。弥漫的烟雾覆盖着褐色充满坚果味道的奶酪。

芳提娜奶酪

一种独特的意大利半软质干酪，DOP等级，在vald'aosta用生牛乳制成。凹面轮状奶酪成熟3个月。细小的孔洞散布在细致光滑的稻草色凝乳内。

伯爵奶酪

一种法国硬质奶酪，AOC等级，由生牛乳制成，也称为格鲁耶尔伯爵奶酪。凸面轮形奶酪成熟3个月。点缀着樱桃大小的孔洞，内部质地坚实，柔软，呈颗粒状，味咸，果味浓郁，有坚果风味。

康塔尔奶酪

一种硬质法国奶酪，AOC等级，也称为Fourme du Canta。新鲜时富有弹性，味甜，成熟后质地坚实，风味浓烈。

泰尔西特奶酪

一种自然表皮的半硬质奶酪，由生牛乳或巴氏杀菌全脂或脱脂乳制成。原产于东普鲁士，也产于瑞士和斯堪的纳维亚。内部柔软，有不规则小孔，有果香和刺激性气味。

阿彭策尔奶酪

一种瑞士硬质奶酪，由全脂生牛乳制成。在加香的白葡萄酒中水洗，果香四溢，口感柔顺。

科尔比杰克奶酪

一种半硬质奶酪，外观呈橙色和由科尔比和蒙特利杰克奶酪的混合物产生的白色大理石状花纹，味道柔和，常用于墨西哥料理中。

曼彻格奶酪

西班牙半软质羊奶酪，新鲜和不同程度的成熟状态都可售卖，味道浓郁丰富，有坚果风味，回味咸。

波佛特奶酪

法国熟制硬质奶酪，AOC等级，由生牛乳制成。一种格鲁耶尔干酪，呈凹鼓状，需至少4个月成熟期。表皮湿润，内部光滑有小孔，有坚果味和果香气息，味咸。

帕马森干酪

一种意大利硬质熟奶酪，DOP等级，部分脱脂生牛乳制成。在巨大的圆柱体中成形，烙有制造者的标志，至少成熟1~4年。质地松，易碎，结构呈颗粒状，伴随着松脆的乳酸钙结晶和强烈复杂的风味，果味浓郁，味道尖锐。在英格兰被称为帕尔马奶酪，主要是削片或磨碎作为调味品。

格拉娜帕达诺奶酪

一种意大利硬质熟奶酪，DOP等级，部分脱脂生牛奶制成。生产和成熟过程类似帕马森干酪，片状、颗粒状质地，味道圆滑刺激。

匹克利诺罗曼诺羊奶酪

意大利羊奶奶酪。硬质熟奶酪，一些符合DOP等级，味咸，内部呈颗粒状，最初湿软有弹性，逐渐干燥后，质地坚实，味道刺激，有陈年风味。作为桌面调味奶酪，食用成熟时间介于8~12个月之间，磨碎用作调味品。拉齐奥区和撒丁岛的佩科里诺罗曼诺羊奶酪，是最出名的品种。

阿齐亚戈奶酪

两种意大利硬质奶酪，DOP等级，成熟阿齐亚戈奶酪，由脱脂生牛乳制成，成熟一年或更长时间，最初温和的内部变硬，呈颗粒状并略带尖锐的味道；新鲜阿齐亚戈奶酪，由巴氏灭菌全脂牛奶制成，有弹性和深且不规则的孔洞。趁新鲜时食用，味道温和，奶香浓郁。

格鲁耶尔奶酪

一种由生牛乳制成的瑞士熟奶酪，由生牛乳制成。由中等大小的轮状模具压制而成，成熟期长，通常为10~12个月，质地密实，有相隔很远的豌豆大小的孔洞，并具有纯正、复杂的坚果风味。常用于烹饪。

马苏里拉奶酪和其他拉伸型奶酪

拉伸型（可以拉丝的奶酪）奶酪，具有其特征的弹性质感，所谓拉伸型奶酪是将凝乳放入热水，直到它形成大量可塑状态，趁热拉伸，或者捏或纺成型。

奶酪由多个薄层构成，其中包含大量的乳清。在制作后的几天内食用最佳，同时作为即食奶酪和烹饪用奶酪食用，最著名的使用方法是制作比萨饼，其质地在融化后更加柔软。

传统的马苏里拉奶酪用全脂牛奶或水牛奶制作，受DOP原产地名称保护。最好的马苏里拉奶酪有着微妙的甜味，口感细腻，口味浓郁。如今，马苏里拉是更广泛地由巴氏杀菌牛奶制成，有时称为fior dilatte，以区别于传统的马苏里拉奶酪。

马苏里拉奶酪

马苏里拉奶酪是一种意大利拉伸型奶酪，松软新鲜，转成球并且缓慢浸入卤水中。并且在乳清中清洗，博康奇尼是马苏里拉奶酪的小球。

波罗伏洛奶酪

一种拉伸型奶酪，南意大利传统产品，由全脂巴氏杀菌奶制成，有多种形状，可以趁新鲜时，陈年或烟熏后食用；温和的（dolce），成熟时间为2~3个月，外皮薄，质地紧实柔软光滑，味道精致，煮熟后呈纤维状；辣的（piccante），成熟时间为6~24个月，表皮坚韧，内部呈片状，味道更加浓烈刺激。

马背奶酪

意大利南部传统的拉伸型奶酪，通常由全脂巴氏灭菌奶制成，形状像葫芦，悬挂风干。新鲜时，味道温和甜美，有弹性，作为调味奶酪直接食用。成熟2年后，味道变得辛辣，呈颗粒状，磨碎可作为调味品。

软皮奶酪

牛肝菌布里奶酪

一种柔软细腻的奶酪，中央有一层牛肝菌。蘑菇增强了奶酪的自然风味。

探险家奶酪

一种法式白皮奶酪，工厂制造，巴氏杀菌奶制成，成熟期为3周。质地细腻，口感浓郁。

里科塔奶酪

一种意大利新鲜乳清奶酪，由生牛乳、生羊奶制成。丘形，雪白色，质地细腻湿润，有颗粒感，味道香甜柔和，奶香浓郁。

马斯卡彭奶酪

一种意大利软质酸凝乳奶酪，浓稠细腻，由牛奶制成。拥有高达40%的脂肪含量，味道浓郁甜美。

奶油奶酪

质地坚实，易涂抹，未熟化奶酪，由巴氏灭菌奶油制成，有时也用牛奶制成。质地顺滑，有轻微的刺激性气味。

新鲜奶酪品种

- 夸克奶酪，一种未熟化的软质奶酪，由脱脂奶制成。在罐中售卖，质地光滑，略酸。
- 新鲜奶酪和法式淡奶酪（白奶酪），都是由牛奶、羊奶制成的未熟化奶酪。含水量高，慕斯般的质感，味道柔和，带有柠檬的活力。

  不同的奶酪品种含有不同的脂肪含量：
- 标准的奶油奶酪包含至少33%的脂肪，低脂或轻脂奶油奶酪的脂肪含量是标准的一半。无脂奶油奶酪不含脂肪。大批量商业化生产的奶油奶酪可能含有稳定剂。
- 新鲜奶酪的脂肪含量从5%~75%不等。
- 含有还原性脂肪的夸克奶酪被称为冰淇淋夸克奶酪，混合有奶油的被称为奶油奶酪（未熟化，软质）。

加奶油的茅屋奶酪
加有4%~8%奶油的茅屋奶酪。

茅屋奶酪（白软奶酪）
一种可涂抹的新鲜奶酪，由牛奶酸凝乳沥干制成，通常使用脱脂牛奶。是雪白湿润的团块状凝乳，有不同的大小和密度，味道清淡。甜茅屋奶酪在美国十分流行。水洗以去酸。大块凝乳的品种也被称为爆米花奶酪。

浓缩酸奶奶酪
一种黎巴嫩新鲜奶酪。由生牛奶或生羊乳酸奶挤压乳清，凝乳范围从软和奶油到紧实和可滚动等。

印度奶酪
巴氏杀菌牛奶或水牛牛奶制成的印度奶酪。酸凝乳压制紧实。未经压制的软印度奶酪被称为酸凝乳。软的未压制的平片被称为"金奈奶酪"。

蓝纹奶酪

蓝徽奶酪

一种法式蓝纹奶酪，受AOC原产地名称保护，由巴氏灭菌全脂生牛乳制成。最初是由牛奶制成的洛克福奶酪的仿制品，内部潮湿黏稠，奶味浓郁，均匀地分布着蓝灰色的霉菌。味道强烈，气味辛辣刺鼻，味道咸鲜。

洛克福奶酪

一种独特的法国蓝纹奶酪，受AOC原产地名称保护，由生牛乳或巴氏杀菌全脂羊奶制成。为了保证质量，接种了娄地青霉菌的新鲜奶酪，必须在法国南部Combalou地区潮湿的天然石灰石岩洞中霉化，进行至少3个月的熟化。最初是白色和绿色，然后开始变蓝，然后变灰，随着奶酪的成熟，灰蓝色的小孔也逐渐在象牙色的内部产生。开放式的奶油般湿润的质地，味道浓郁刺激，辛辣咸鲜。

布雷斯蓝纹奶酪

一种法国小型布雷蓝纹奶酪，由巴氏灭菌奶制成。蓝灰色小块，有时被毛茸茸的白色外皮包裹，内部质密潮湿。浓厚顺滑，柔和优雅。

蓝纹奶酪

　　所谓的蓝纹奶酪，是由于蓝色或绿色的霉菌在奶酪上呈叶脉状分布。起初是偶然，现在通过在奶酪中注射特定的青霉素制成。由于霉菌只在暴露于空气中的情况下才生长变蓝，蓝纹奶酪从不挤压，在大多数情况下，通常奶酪会被戳孔以使空气进入奶酪，避免内部过于紧实影响霉菌生长。霉菌被直接注射在新鲜奶酪中。传统上，蓝纹奶酪在潮湿的地窖中熟化，以保证霉菌继续生长。

斯蒂尔顿奶酪

一种英国蓝纹奶酪，由巴氏杀菌全牛奶制成。受法律保护，只能在莱斯特郡、诺丁汉郡和德比郡制造。在直边高缸中成型，熟化期为4~6个月。有硬皮，内部黄色，均匀地分布着锯齿状蓝色霉菌。奶味浓郁，味道丰富而强烈。

戈贡佐拉奶酪

一种意大利蓝纹奶酪，受DOP原产地名称保护。由全脂奶制成。传统上混合两种生牛乳凝乳，在洞穴中进行熟化。现在多用巴氏杀菌奶制作，并在储藏室中熟化3~6个月。内部呈淡黄色，有其独特的青霉产生的灰蓝色大理石状花纹。
风味中奶味的一致性与精致浓郁的尖锐味道产生微妙的对比。

意大利甜奶酪

一种意大利蓝纹奶酪，工厂制作，由全脂奶制作而成。熟化2~3个月，内部呈秸秆白色，点缀有灰绿色的霉菌，柔软浓郁，味道醇厚精致。名称的字面意思是"甜牛奶"，是戈贡佐拉的温和版本，也称为戈贡佐拉多尔斯（甜戈贡佐拉）。

洗浸奶酪

卡蒙贝尔奶酪

一种法国白皮软奶酪，被广泛模仿。真正的AOC卡蒙贝尔奶酪在诺曼底使用生牛乳。熟化3~6周，变得柔软顺滑，像卡仕达蛋奶冻一样，带有蘑菇风味，外皮有淡红色斑点。

波特萨鲁特奶酪

一种法国水洗凝乳半软质奶酪。法国半软洗涤乳酪。最初由修道院的僧侣制作，现在由工厂使用全脂巴氏杀菌奶制作而成。熟化时间1个月，25厘米直径的轮状奶酪，外皮橙色，微湿。内部呈淡橙色，黏稠，切割时，纹理柔软光滑，味道温和带有淡淡的香气。

布里奶酪

一种法国白皮软奶酪，被广泛模仿，真正的布里奶酪在法兰西岛，使用全脂生牛乳在一个大圆盘中制成。熟化后，其带有茸毛的外皮变红，在其圆润的红皮下内部呈流动黏液状，奶味浓郁，有菌菇风味。

布鲁索奶酪

一种法国白皮双重奶油软奶酪，以其创造者命名，也称为Lucullus。工厂使用加入奶油的巴氏杀菌奶制作。奶油状固体，带有朴实的坚果和黄油风味，轻微的酸味平衡了浓郁的口感。

曼斯特奶酪

一种法国水洗凝乳半软质奶酪。受AOC原产地名称保护，在阿尔萨斯使用全脂生牛乳或全脂巴氏杀菌奶制作。外皮橙色，有刺激性气味，纹理光滑柔软，甜咸可口，辛辣刺激。有一个在洛林制作的更小的品种，被称为杰洛姆（Gerome）。

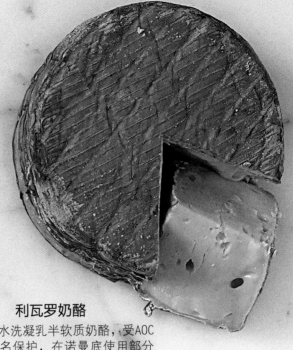

利瓦罗奶酪

一种法国水洗凝乳半软质奶酪，受AOC原产地命名保护，在诺曼底使用部分脱脂的巴氏杀菌奶制作而成。有刺激性气味，质地紧实柔软，风味朴实。

塔雷吉欧奶酪

一种意大利水洗凝乳半软质奶酪。受DOP原产地名称保护，由生牛乳或巴氏杀菌奶制作而成。在20厘米的板中压制成形，有一层粉色薄皮，质地柔软光滑，内部呈秸秆白色，仅有少数孔洞。在科莫附近的Valsassina区洞穴内熟化25~40天的奶酪，带有明显的果香和黄油香气。

主教桥奶酪

一种法国水洗凝乳半软质奶酪，受AOC原产地命名保护，由全脂生牛乳或巴氏杀菌奶制作而成。在脊状正方形中塑形，熟化2~6周。外皮呈赭石色，开放式的内部发亮有弹性，有泥土香气，味道甜美辛辣。

罗马杜尔奶酪

一种德国水洗凝乳半软质奶酪，工厂使用牛奶制成，在小长方形或方块中塑形，熟化3~4周。外皮呈赭石色至红色，味道明显独特。

绵羊和山羊奶酪

菲达奶酪

一种希腊"腌渍"新鲜白奶酪。传统上由全脂生羊奶制成，现在大多数是由巴氏杀菌牛奶和山羊奶制成的。塑形成无皮的块状，然后在乳清、卤水或油中储存固化。柔软易碎，味道尖锐浓郁，咸香可口。

哈罗密

一种塞浦路斯新鲜拉伸型凝乳奶酪，传统上由全脂羊奶制成，有时有一层薄荷叶。储存在盐水中，富有弹性的纤维凝块具有咸而温和的浓郁味道。主要烹调后食用，加热后仍能保持其形状。

凯发罗特里奶酪

一种希腊硬质奶酪，由全脂生羊奶制成。因其大小形状类似无边帽而得名。呈白色至淡黄色，有许多不规则孔洞。味道刺激，略带咸味。新鲜时可作为调味奶酪直接食用，陈年后可用于磨碎，烹调。

巴农奶酪

一种法国自然成皮软奶酪，由生羊奶，生山羊奶或牛奶制成。小的圆盘形奶酪被用酒浸栗叶包裹，用酒椰纤维捆绑，熟化2~8周时间。新鲜时奶味十足，带有坚果风味，随着时间变长，变得刺激，有植物性的浓烈气味。

罗卡马杜尔奶酪

一种法国自然成皮软奶酪，受AOC原产地命名保护，由生羊奶制成，也被称为山羊奶酪。30~60克的小薄盘熟化迅速，形成一层薄薄的皱纹皮，内部光滑，呈奶油状，带有新鲜的酸味。随着时间增加变得更加坚实，富有坚果风味。

自然成皮乳酪

自然成皮乳酪由各种霉菌和野生酵母逐渐定殖在其湿润而富含蛋白质的表面以生成其自己的外皮。最初是毛茸茸的白色青霉素簇出现，然后是精致的蓝色霉菌块，随后是灰色，黄色，最后红色。奶酪随着熟化的进行而萎缩。

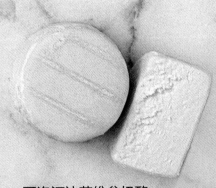

哥洛汀达莎维翁奶酪

一种法国自然成皮奶酪，受AOC原产地名称保护，由全脂生羊奶，在小扁球中塑形而成。熟化4个月后，它由纯白色、柔软湿润的颗粒状质地和新鲜的柠檬香味发展为黑色硬皮深度皱缩、味道浓烈刺激的状态。

肉类

现在的"肉"指的是用作食物的动物的肉。实际上，这种说法并没有明确地指出哪种动物和哪种肉包括在内。鱼类显然不包括在内，禽类是否被认为是"肉类"取决于上下文；"肉"通常定义为"红肉"，在这本书中是一个单独的章节，内脏通常也被单独列出，但包括在这一章节中。

最常食用的肉类动物包括牛、羊和猪，它们因此被长期驯化和繁殖。野味，无论是野生的还是养殖的，都更少被食用。

虽然所有肉类具有共同特征，但从消费者的角度来看，不同物种的肉类拥有不同的品质，受其品种、年龄、性别、饮食、活动水平和屠宰方式的影响。对于厨师来说，肉的切割也很重要。肉类的处理方法在国与国之间，地区与地区之间亦各有不同，也根据饮食的风尚而改变。这种复杂性是由于各种对相同的切割部位的重复命名的混乱造成的。

了解各种肉类部位的价值的关键在于了解它们来自动物的哪个部分，以及它们的功能。得到最多锻炼的肌肉，通常是前四分之一和下半部分，纤维最粗糙，质地也最坚硬，拥有相对完整的风味。脂肪，尤其是肌间脂肪，被称为大理石花纹，在烹饪过程中，它会融化并渗透组织，分离和润滑纤维，可以使肉质嫩化，并且增加风味。骨骼同样也可以增加风味，还能够帮助传导热量。

这些因素决定了要选择最适宜的烹饪方法：鲜嫩的肉适合高温快速加热；而老韧的肉更适合于慢煮，以溶解肌肉纤维周围的结缔组织中的胶原蛋白。

牛肉

牛背肉

脖子至背部的去骨肉块。质地粗糙，肌间脂肪丰富，适用于锅烧，做成炖肉或剁成肉馅。

颈肉

头后颈部上方的肉，靠近肩颈肉，肉质精瘦，较老，味道清淡，通常用作炖肉或肉馅。颈肉和肩颈肉有时也被称为块肉或黏肉。

牛肋骨肉

小腿上方和肩颈下方的无骨肉块。由几个不同方向的可分离肌肉层组成，质地粗糙，肌肉脂肪少。适合整个炖烤，或薄切成速食牛排，或切成方块炖煮，或剁成肉馅。

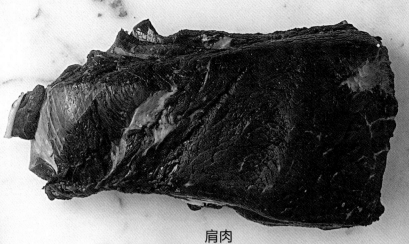

肩肉

颈部到肩部肩胛之间的牛肉，在肩胛肉的后方。在英国通常去骨，而在美国则带骨售卖。非常畅销。

（带骨）牛肋排

肋骨和肩部之间的牛肉块。也称前肋。传统的肉质精瘦而鲜嫩的部位，通常带骨。去骨后卷起，可以用于制作烤牛肋排卷。

肋骨/肋条

前肋与胸之间的部分，被结缔组织和脂肪自然分开的两层薄的肌肉。通常去骨卷起。

小腿肉

传统前腿肉的下端部分，也被称为胫骨。有坚韧的瘦肉并环绕有许多结缔组织的中心骨骼。需要长时间的慢煮，味道浓郁，口感馥郁，有胶质感。

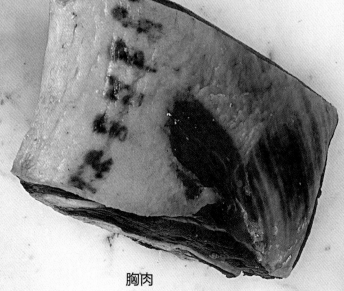

胸肉

胸部或肩膀下方的肉。分为硬肋、短肋等，以带骨、去骨或成卷的形式售卖，通常是腌制好的。特别适合慢炖，带锅炖烤，焖炖或煮制。肥而不腻，风味十足。

薄腹肉

腰肉和臀肉下方的去骨后腿及臀部肉块，包括侧腹横肌。带有软骨，脂肪丰富。有纤维感，通常被剁成肉馅。切块炖煮或整个干腌，腌制或煮制。

牛里脊

尖端细长的无骨长条里脊。肉质精瘦细嫩，但缺少风味。整个烤制或切成牛排，用于扒制或煎。

翼肋

由肋骨和其带有的里脊组成，位于前肋后方。均匀覆盖着一层脂肪和瘦肉，是烧烤的绝佳选择。

牛外脊

肋部和臀部之间的肉（美国称为前腰脊部）。附着的肉可能会被去除。非常细嫩，有一层脂肪，是烤制的绝佳选择。可以带骨售卖，也可以去骨卷起，或切成牛排售卖，包括带骨大块牛肉片、上等腰肉牛排、美式T骨牛排等。

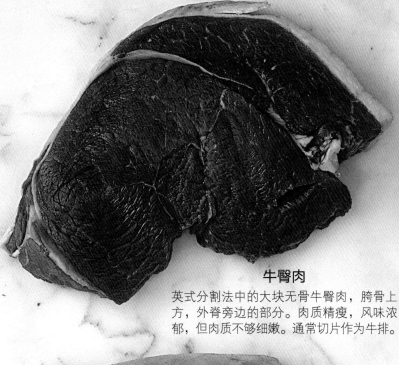

牛臀肉

英式分割法中的大块无骨牛臀肉，胯骨上方，外脊旁边的部分。肉质精瘦，风味浓郁，但肉质不够细嫩。通常切片作为牛排。

银边三叉肉（后腿肉的一部分）

大腿外部的去骨肉块，美国称为后腿肉。肉质精瘦坚韧，通常盐腌或煮制。

臀肉

后腿内侧的无骨牛肉，也被称为后腿肉、臀肉等。由于没有大理石般的脂肪分布，容易变干，适合带锅烤制或焖煮。

牛霖/牛臀肉

大腿前部的肉块。肉质精瘦，适合带锅烤制或焖煮。

牛臀肉

尾部末端的银边"弯角"，也就是所谓的角软骨块。质地粗糙，带有少量的大理石花纹，通常用盐腌制。

牛肉香肠

专有名词，用于形容绞碎、剁碎的调味过的新鲜牛肉肉糜，有时混有面粉等黏着剂，然后塞进动物肠衣。由于通常由较少处理的肉制成，香肠通常含有相当量的脂肪。吃之前，新鲜的香肠必须煮熟，无论煮、烤、煎、铁扒皆可。

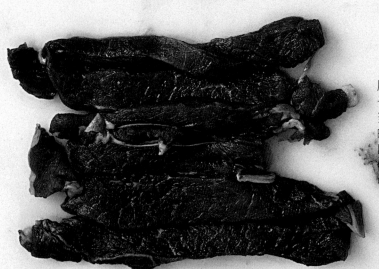

牛肉条

顺着纹理横切的无骨牛肉细条。由于通常在高温下快速烹调，所以应当选取细嫩的部位，例如臀肉，同时应当被切成相同的大小和厚度，以便于同时成熟。牛肉条通常用于俄式炒牛肉之类的菜肴中，常见于中国料理和炒菜中。

牛肉粒

大块无骨牛肉。通常用于长时间慢炖。选用不那么嫩的部位，同时带有更多的结缔组织，例如肩肉、牛腩肉、小腿肉和侧腹肉。用于各种炖菜、焖煮菜和砂锅菜。长时间的炖煮，在保持完整的同时，肉质变得软嫩，风味浓郁。

牛肉馅/牛肉糜

剁碎或绞碎的生牛肉，也被称为碎牛肉和汉堡牛肉。尽管任何肉都可以用于制作肉馅，通常选用肉质更为粗糙的部位或边角料，其质量和脂肪含量随之变化。肉馅可以用于制作汉堡、意大利面酱、肉丸或用于填馅。

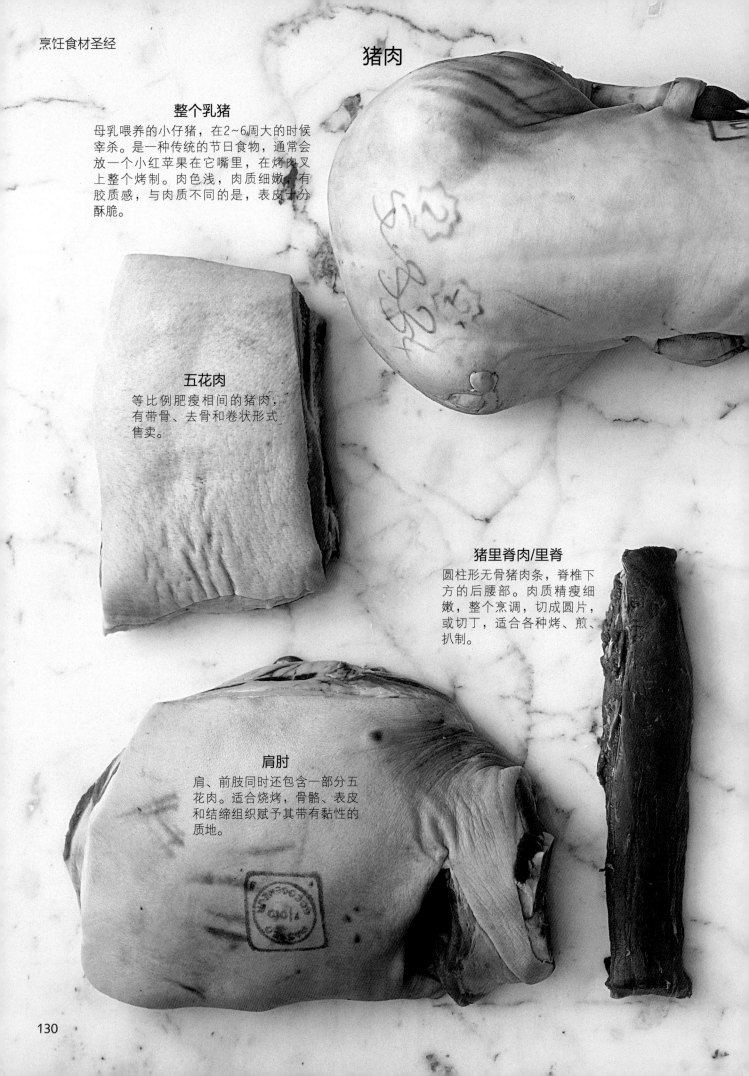

猪肉

整个乳猪

母乳喂养的小仔猪，在2~6周大的时候宰杀。是一种传统的节日食物，通常会放一个小红苹果在它嘴里，在烤肉叉上整个烤制。肉色浅，肉质细嫩，有胶质感，与肉质不同的是，表皮十分酥脆。

五花肉

等比例肥瘦相间的猪肉；有带骨、去骨和卷状形式售卖。

猪里脊肉/里脊

圆柱形无骨猪肉条，脊椎下方的后腰部。肉质精瘦细嫩，整个烹调，切成圆片，或切丁，适合各种烤、煎、扒制。

肩肘

肩、前肢同时还包含一部分五花肉。适合烧烤，骨骼、表皮和结缔组织赋予其带有黏性的质地。

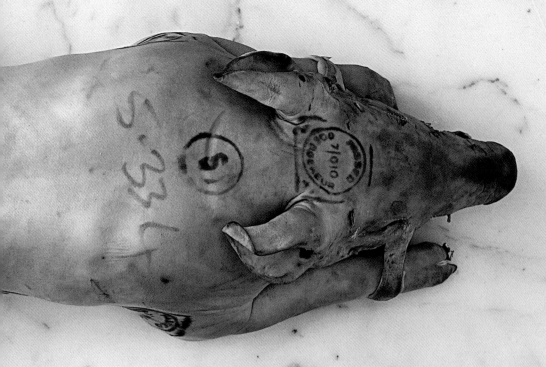

排骨

从猪腹部切下的长肋骨，是美式和中式切法，不应与从肩膀处切下的英式肋排混淆。带有丰富的脂肪，肉质精瘦，通常分开，腌制，然后烘烤或烧烤，将肉从骨头上啃下。

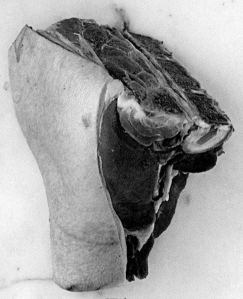

腰肉

从猪中部切下的肉，穿过脊椎，去除五花肉。以带骨、去骨和卷状形式售卖。也被进一步切割成前腰和后腰，以及各种肉排。最适合用于烘烤。

臀尖

从整腿的臀尾部切下的臀肉，包括盆骨部分，通常去骨。也被称为臀肉。整个烘烤，也可以被切成厚肉排以供煎炸或烧烤。

猪后腿

去掉猪蹄部分的猪后腿，在美国称为"鲜火腿"。一大块肉，通常切成两段：肉更多的顶部被称为圆角端或厚肉端；下半部称为关节端和短腿。以带骨或去骨或卷状出售，通常烤制。

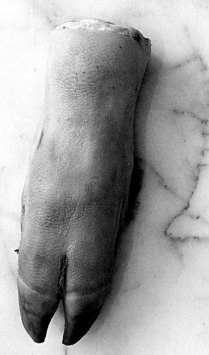

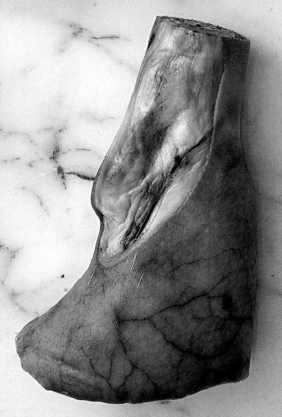

猪蹄

猪的脚，多骨，肌肉发达。需要长时间的慢煮才能软化。然后可以去骨，填馅之后炖煮、烤制或扒制。可以使高汤味道浓郁，呈凝胶状，用于给炖菜增加浓郁风味或制作猪肉冻。

关节/小腿

猪腿或肩膀以下、猪蹄以上的部分，也被称为肘关节。以新鲜、盐腌或烟熏形式售卖。带皮和骨头的特性使其可以用于给高汤增稠，呈凝胶状，一般用于炖煮。

肉块

无骨方形猪肉块或大肉块。通常长时间慢煮，肉块通常从不那么嫩的部位切下，例如肩部。

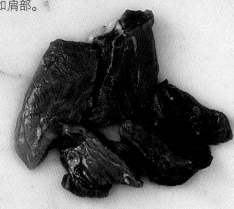

猪肉馅/猪绞肉

剁碎或绞碎的生猪肉。用不那么嫩的部位，例如肘关节、肩部或边角料制作。质量和脂肪含量各有不同。猪肉馅特别适合用于制作法式肉酱和五香碎肉。

猪排（炸猪排用）

一大片猪肉薄片，通常选用腿部和腰部，横于纹理切下。捶击可以使其更加软嫩。通常煎，有时弄碎，或卷成卷填馅。

猪腿

猪后腿的英语术语，通常是上部，像培根一样腌制，直接售卖不经烹调。与火腿不同的是，它还需要略加腌制以及烹调。整块售卖，以便烤制，或切成适当大小的肉排或咸肉薄片。

直布罗陀肠

一种猪肉小香肠，大小是普通香肠的一半。地道的英式直布罗陀香肠是由调味的肥瘦相间的猪肉、米粉灌进羊肠，再分成单个长短制成的。通常是烤禽类的传统配菜。

羊肉

羔羊和成羊的分级

羊肉按年龄分级：羔羊是小于12个月；从1岁起，开始长出2颗切牙，变成1岁以上的羊或称为2齿羊；2岁起，即当长出4颗牙齿时，变成成羊。在英国，1岁以上的羊和成羊之间未做区分，而羊肉一般指1岁以上的羊的肉。

羊羔

整个羊羔，将头、尾和内脏去除。通常在烤叉上整个烤制，是节庆料理。母乳喂养的羊羔，3~4周大时宰杀，4~5千克重，最适合这种烹调方式。在英国称作"家羔"，肉色浅，肉质细嫩，但缺少风味。

中颈肉

肩膀以上，脖子中间的肉，也被称为西班牙颈肉。通常切成肉排，适合文火慢煮。

羊胸肉

羊肚子以上的带骨肉块。由于富含脂肪，通常去骨、修整后卷起，烤制或炖煮。

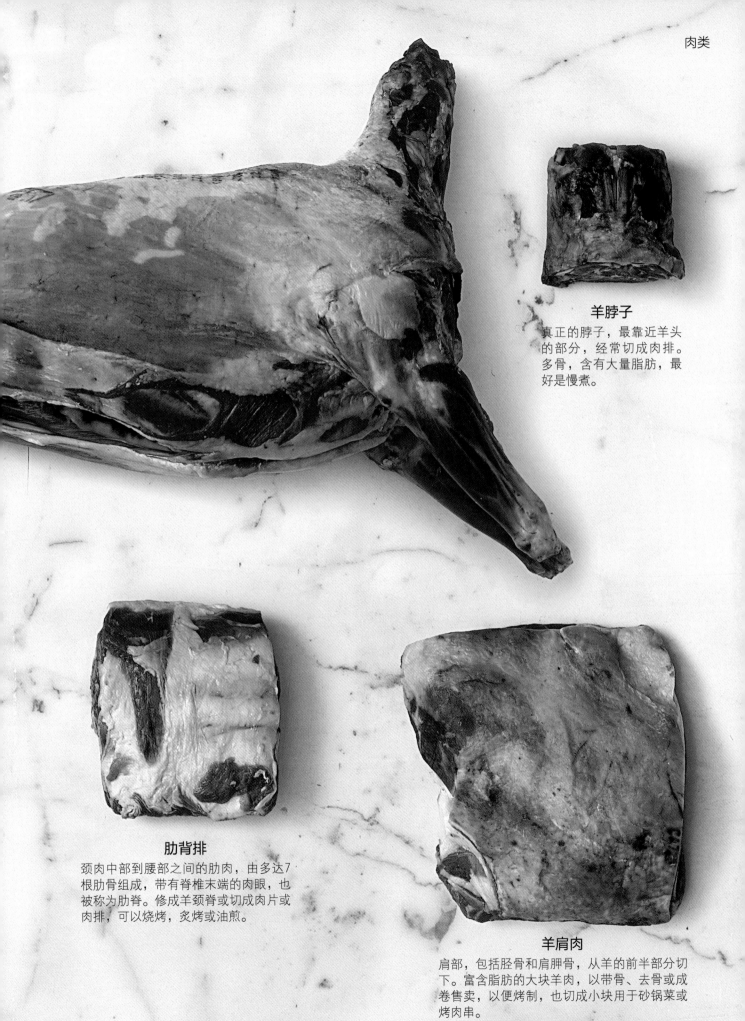

羊脖子

真正的脖子，最靠近羊头的部分，经常切成肉排。多骨，含有大量脂肪，最好是慢煮。

肋背排

颈肉中部到腰部之间的肋肉，由多达7根肋骨组成，带有脊椎末端的肉眼，也被称为肋脊。修成羊颈脊或切成肉片或肉排，可以烧烤，炙烤或油煎。

羊肩肉

肩部，包括胫骨和肩胛骨，从羊的前半部分切下。富含脂肪的大块羊肉，以带骨、去骨或成卷售卖，以便烤制，也切成小块用于砂锅菜或烤肉串。

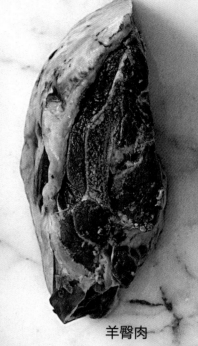

羊臀肉

腿部上方的臀肉，多骨的后部，也被称为羊臀。通常整个售卖或切成肉排。

羊腰肉

从肋骨延伸到脊椎两侧的部分，也称为中腰。整个带骨或去骨烤制；切成肉排，炙烤或油煎。

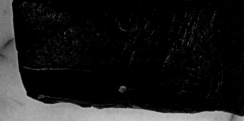

香榧羊排

腰部嫩眼肉或肋背排，去骨、卷起、绑紧。通常带有外层脂肪。

羊脊肉

两腰或者有背骨的中腰，有时带有肾脏，也被称为双腰。由后背骨连接并且有很多肉，包括肾脏，也被称作双腰。嫩肉部分覆盖着大量的脂肪，特别适合烧烤。

羊外脊

无骨前腰或中腰脊肉小条，肉质精瘦细嫩。整个烹调，或横纹切割。外脊下方是里脊（未示出），从脊椎上切下的一小条精瘦细嫩的无骨羊肉。

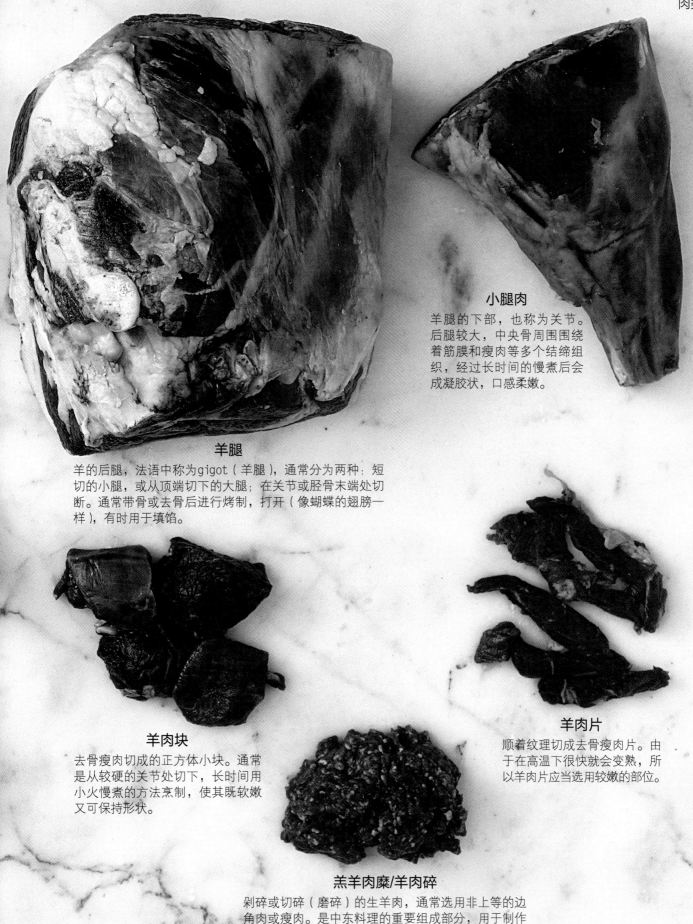

小腿肉

羊腿的下部，也称为关节。后腿较大，中央骨周围围绕着筋膜和瘦肉等多个结缔组织，经过长时间的慢煮后会成凝胶状，口感柔嫩。

羊腿

羊的后腿，法语中称为gigot（羊腿），通常分为两种：短切的小腿，或从顶端切下的大腿；在关节或胫骨末端处切断。通常带骨或去骨后进行烤制，打开（像蝴蝶的翅膀一样），有时用于填馅。

羊肉块

去骨瘦肉切成的正方体小块。通常是从较硬的关节处切下，长时间用小火慢煮的方法烹制，使其既软嫩又可保持形状。

羊肉片

顺着纹理切成去骨瘦肉片。由于在高温下很快就会变熟，所以羊肉片应当选用较嫩的部位。

羔羊肉糜/羊肉碎

剁碎或切碎（磨碎）的生羊肉，通常选用非上等的边角肉或瘦肉。是中东料理的重要组成部分，用于制作各种肉丸和慕莎卡（moussaka，希腊菜名）。

小牛肉

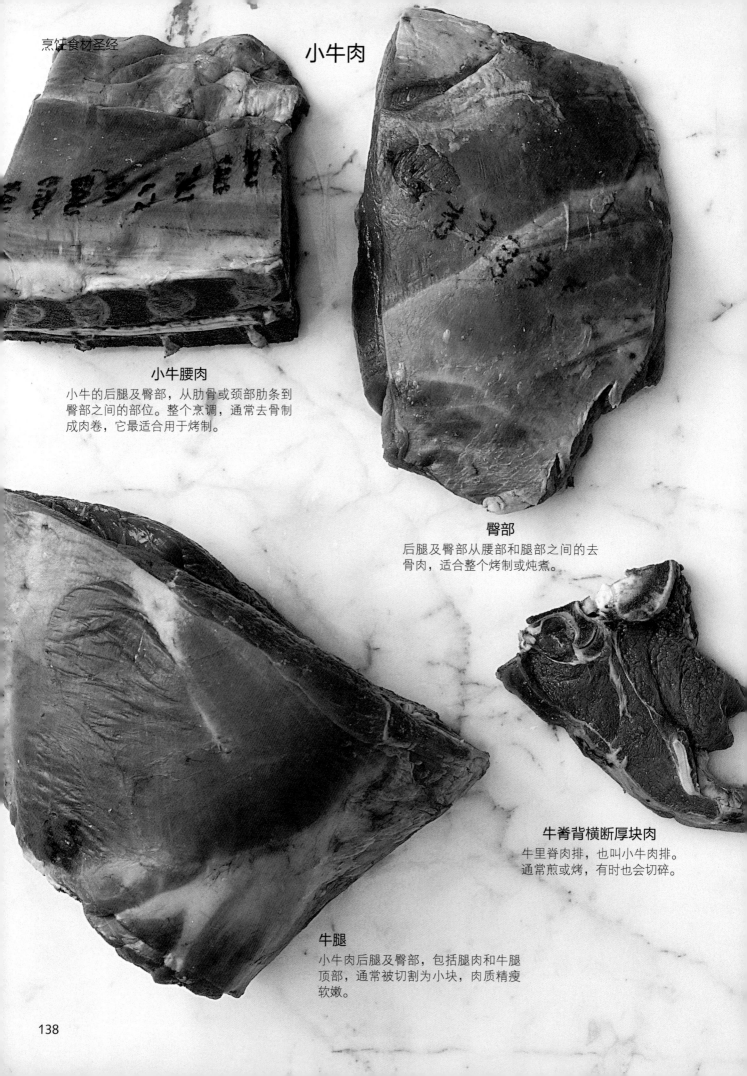

小牛腰肉

小牛的后腿及臀部，从肋骨或颈部肋条到臀部之间的部位。整个烹调，通常去骨制成肉卷，它最适合用于烤制。

臀部

后腿及臀部从腰部和腿部之间的去骨肉，适合整个烤制或炖煮。

牛脊背横断厚块肉

牛里脊肉排，也叫小牛肉排。通常煎或烤，有时也会切碎。

牛腿

小牛肉后腿及臀部，包括腿肉和牛腿顶部，通常被切割为小块，肉质精瘦软嫩。

牛膝

小牛肉后腿的骨下部，也称为关节。周围有骨髓丰富的骨胶质组织，锯成圆形，用于制作意大利经典红烩牛膝。

肉排

一块沿着上部的纹理切成薄片的小牛肉，拍打成薄片。涂上鸡蛋和面包屑，煎制成经典的维也纳炸肉排。

小牛肉片

沿大腿上部的按照纹理切成圆形或椭圆形的无骨小牛肉薄片。比肉排略厚，通常煎制。

野味与鹿肉

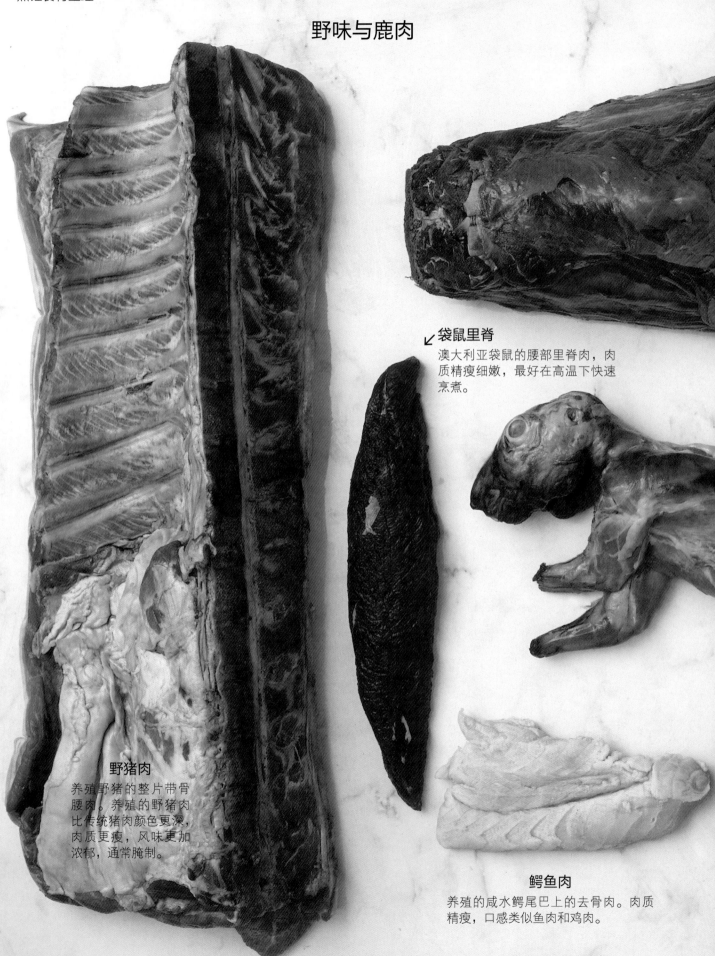

袋鼠里脊
澳大利亚袋鼠的腰部里脊肉，肉质精瘦细嫩，最好在高温下快速烹煮。

野猪肉
养殖野猪的整片带骨腰肉。养殖的野猪肉比传统猪肉颜色更深，肉质更瘦，风味更加浓郁，通常腌制。

鳄鱼肉
养殖的咸水鳄尾巴上的去骨肉。肉质精瘦，口感类似鱼肉和鸡肉。

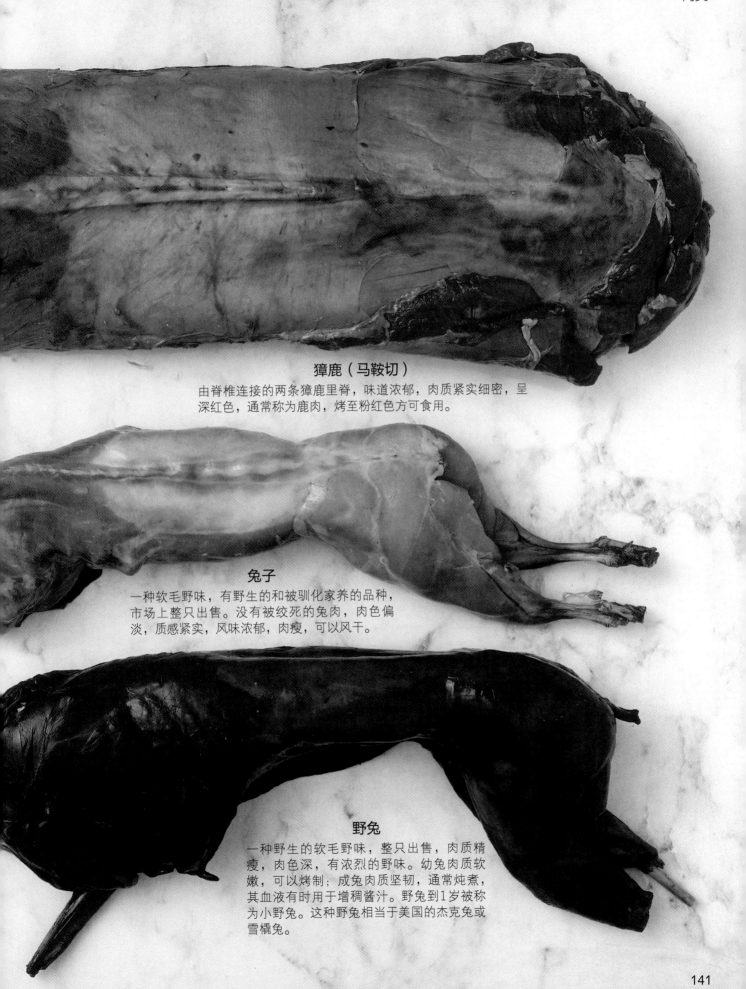

獐鹿（马鞍切）

由脊椎连接的两条獐鹿里脊，味道浓郁，肉质紧实细密，呈深红色，通常称为鹿肉，烤至粉红色方可食用。

兔子

一种软毛野味，有野生的和被驯化家养的品种，市场上整只出售。没有被绞死的兔肉，肉色偏淡，质感紧实，风味浓郁，肉瘦，可以风干。

野兔

一种野生的软毛野味，整只出售，肉质精瘦，肉色深，有浓烈的野味。幼兔肉质软嫩，可以烤制；成兔肉质坚韧，通常炖煮，其血液有时用于增稠酱汁。野兔到1岁被称为小野。这种野兔相当于美国的杰克兔或雪橇兔。

内脏

牛尾

剥皮的牛尾，通常沿骨头横切。用于慢煮制作汤品和炖菜，胶状质地，口感丰腴。

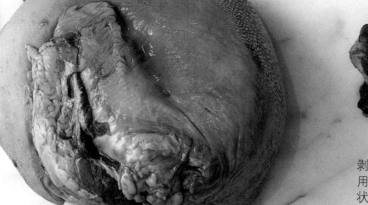

牛舌

牛的舌头，通常出售新鲜的或经过处理的。需要经过长时间的水煮以去除坚硬的表皮，可以冷食或热食。

牛肾

一个大的呈多叶状的牛器官，需要去除周围包裹的脂肪、薄膜和内核。通过浸泡和长时间烹饪可以减弱其强烈的味道。

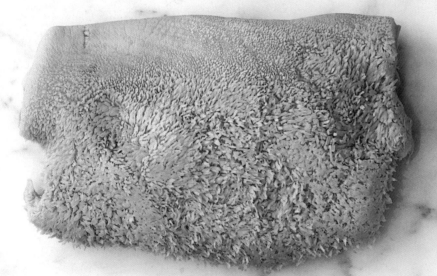

牛肚

通过纹路区分出来的牛的前三个胃的内层。通常需要长时间烹煮，加工后出售。

羊肝

羊的血液净化器官。需去除覆盖的薄膜，煮到中间呈粉红色方可，肉质软嫩，味道浓郁。在澳大利亚，羊肝脏也被称为羊杂碎。

心脏

主要由肌肉组成的器官。需去除多余的脂肪和心血管，通常是将其填馅后炖煮，肉质紧实，风味浓郁。

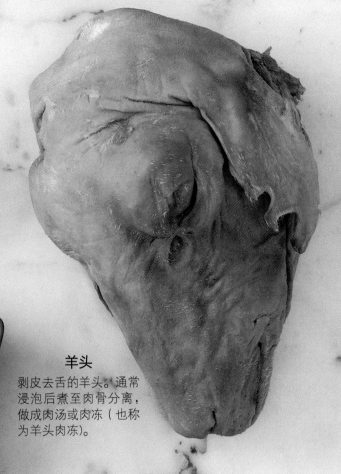

羊头

剥皮去舌的羊头。通常浸泡后煮至肉骨分离，做成肉汤或肉冻（也称为羊头肉冻）。

猪耳朵

软骨肉，将其洗干净，表面燎烧，长时间炖煮使其软化，通常裹上面包屑进行烘烤或油炸，口感酥脆。

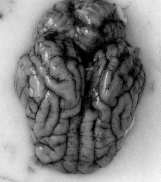

羊脑

肉呈白色，盘绕状。需要浸泡，去除表面薄膜，柔软细腻，口味浓郁。

羊蹄

羊的脚，主要成分是骨头和软骨，需要长时间炖煮烹饪将其软化，可以制成富含胶质的高汤，用于肉汤和布朗汁中。

髓骨

一段小腿胫骨，中间是骨髓的脂肪内芯，煮熟后变软，挖出来骨髓食用。

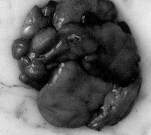

胰脏

年幼动物的胰腺和胸腺，需要经过浸泡，焯水处理。光滑洁白，味道细腻。

火腿与培根

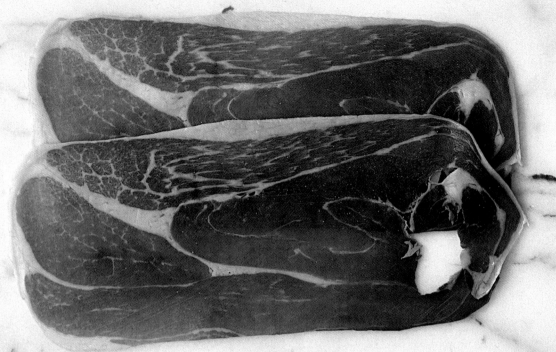

帕尔玛火腿

意大利生产的风干火腿，有DOP地理标识保护。产地在意大利帕尔玛附近，猪肉在生产帕玛森奶酪剩余的乳清中保存，用海盐干腌长达1个月，风干，未经烟熏，在通风处晾晒至少8个月。

火腿和培根

　　火腿是猪肉或者猪的后腿，通过加盐进行腌制，风干，有时候烟熏。许多品种的火腿是由不同种类的猪肉，不同的腌制配方及不同的储藏方法组合制作而成的。腌制的方式可以是"干腌"——干盐腌制，或"湿腌"——盐水腌制，或者两者组合。在不同的浓度下，添加香料，并维持不同的腌制时间。一经腌制，将火腿挂在空气中晾干，用不同的木材进行烟熏，不同的腌制时间，都会影响最终的火腿风味。一些火腿在腌制后可直接生食，通常直接切成薄片食用，其他火腿需要烹调后食用。

　　培根是盐腌（腌熏猪肋肉）猪肉的一种副产品。用干燥的盐和调味品揉搓，这是一种最好的腌制方法，或用盐水进行湿腌，通常浸泡，使盐水进入肉质，然后进行烟熏。风干后，称为"未成熟"培根。培根必须熟食。烹饪时，湿腌培根经常渗出白色水状泡沫，受热皱缩。Speck是德语单词，一般指五花肉腌制的培根。

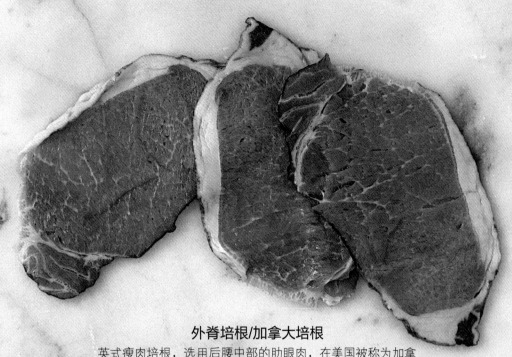

外脊培根/加拿大培根

英式瘦肉培根，选用后腰中部的肋眼肉，在美国被称为加拿大培根。它可以切成薄片，如果剁碎则选用厚片。

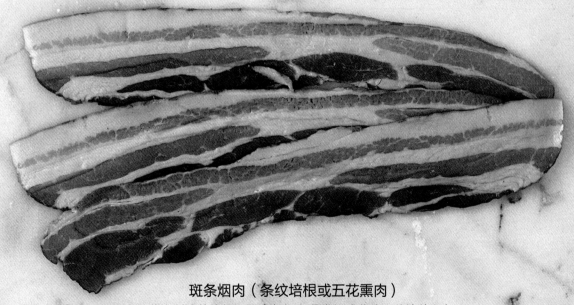

斑条烟肉（条纹培根或五花熏肉）

五花肉制成的培根，肥瘦相间。通常切成薄片，整块的斑条烟肉被称为厚块腌熏肋条肉。

培根

意大利式腌五花肉，根据区域有不同的变化，通常未经熏制。肥瘦相间，这是混炒蔬菜的重要组成部分，是意大利和西班牙料理中许多菜品的基础调味材料。

库拉多里脊腌肉

西班牙的一种干腌肉，选用腰部靠近肋眼的部位，即猪里脊肉。极瘦，通常切成薄片，滴上橄榄油，作为餐前小吃食用。

火腿

火腿的通用西班牙语单词。两种来自西班牙西南地区的手工火腿值得特别注意：塞拉诺火腿，由山区的白蹄山猪制成。伊比利亚火腿，是由在林地上饲养的精瘦的本土伊比利亚黑蹄猪制成。两者都是生的，风干的，未经烟熏的，成熟时间为1年或更长。可以切成薄片吃，两种都十分美味，但十分难得。

熟火腿

著名的熟食火腿和半熟火腿包括：

约克郡火腿　以一种使用于世界各地食品加工方法为名称。盐腌，轻度或重度烟熏，然后经几个月的时间成熟。约克郡火腿呈淡粉红色，口味较为温和，最好冷食。

布雷登火腿　一种在威尔特郡制造的英式火腿，用杜松子和香料在糖蜜中腌制6个月。与名字同样独特的是它黑色的外观，有一种微妙的甜味。

弗吉尼亚火腿　一种美国的地区性乡村火腿，最出名的是史密斯菲尔德火腿。在弗吉尼亚州的史密斯菲尔德镇制作，使用谷饲的尖背野猪，将火腿与胡椒混合后盐腌，用大量的苹果树木和山核桃木进行熏制，成熟时间至少1年。颜色深，味道精致浓郁，它通常配上蜜汁烘烤，冷热食用皆可。

肯塔基火腿　一种美国地方火腿，由汉普郡肉猪制成。猪是用橡子、豆类、三叶草和谷物进行喂养的。干腌后用苹果和山核桃木烟熏，成熟时间为1年。它有一种微妙的味道。

布拉格火腿　来自捷克共和国，布拉格火腿用盐腌制数月，用山毛榉木进行熏制，然后在凉爽的酒窖中成熟。热食是最佳食用方法。

巴黎火腿　也被称为白色火腿和冰火腿，这种轻微腌制、未经熏烤的法国火腿有一种温和的风味，适合水煮或作为冷盘。

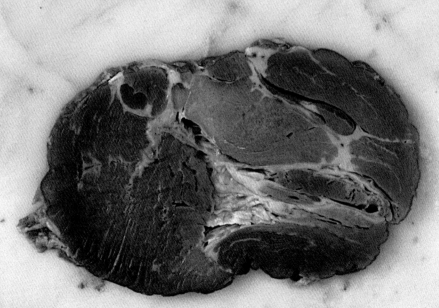

威斯特伐利亚火腿

一种德国生火腿。干腌，用盐水擦洗，然后在山毛榉木、杜松枝和浆果上进行轻微烟熏，深色，带有独特的微妙烟熏风味。

香肠

猪肉香肠

按一定比例肥瘦混合，粗粒或细粒的新鲜生猪肉经调味后，进行灌肠，传统方法使用动物肠衣。在英国，通常还添加面包干或粗谷物粉。吃之前，必须烧烤、油炸或煮熟。

南非香肠

来自南非的新鲜香肠，用粗碎的猪肉和牛肉制成。用香菜、肉豆蔻、丁香和醋调味，形成一个长卷，传统上用烧烤的方法烹制。

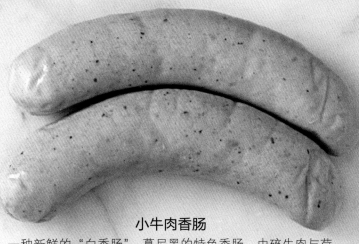

小牛肉香肠

一种新鲜的"白香肠",慕尼黑的特色香肠,由碎牛肉与荷兰芹调味制成。其自身的味道很清淡,通常和一种特殊的甜芥末一起食用。

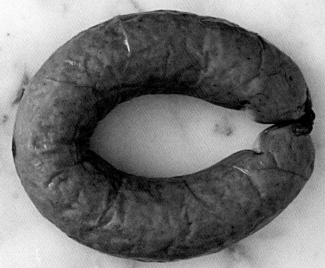

德国蒜肠

塞满了猪肉碎和牛肉碎的饱满的德国香肠,用小茴香、大蒜调味,风干后冷熏。它经常与酸菜一起煮或烤。

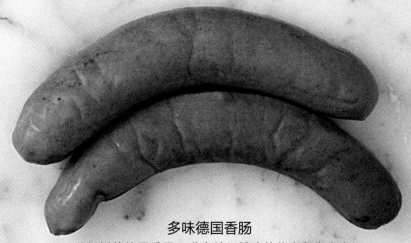

多味德国香肠

一种新鲜的德国香肠,灌有精细粉碎的猪肉和小牛肉,根据其产地,香肠的大小和调味各不相同。它通常是烤或油炸。

干肠

一种较大的，未经烟熏的法国干制生香肠，是蒜香味的萨拉米香肠。几乎完全由纯猪肉制作，有零星的脂肪，成熟期为1~6个月，其表面会被成熟过程中产生的白色粉末状物质覆盖。切片即可食用。

口利左香肠

一种西班牙香肠，基本上是由切碎或剁碎的猪肉制成，使用红辣椒调味，呈现出特有的红色。在不同的地区，这种香肠可能是口味辛辣或口味柔和的，烟熏过的或是未经烟熏的。这种香肠需要趁新鲜柔软时烹调食用，经常用于煨汤或炖菜。

口利左干肠

将口利左香肠悬挂至干硬状态，这是西班牙香肠的较为常见形式。不需要烹饪，切片即可食用。这也是一种重要的烹饪方式。

那不勒斯萨拉米香肠

一种来自那不勒斯味道浓郁的干制生香肠。由粗磨的猪肉和牛肉制成，掺杂着猪肉脂肪，使用盐、大蒜和辣椒调味，在风干时进行烟熏，成熟期大约需要2~4个月。切片冷食。

哈吉斯
切碎的羊的内脏（心、肺、肝），混合燕麦、洋葱、脂肪和调味料，塞进羊胃中炖煮而成。是苏格兰的一道特色菜，通常配以胡萝卜泥和土豆泥食用。

白香肠
将用洋葱调味的燕麦和板油塞进香肠衣制成。在苏格兰被称为玉米香肠，通常煮食，或切片油炸。

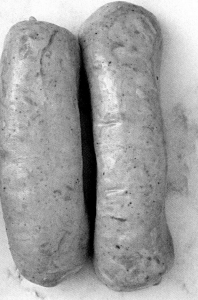

内脏香肠
一种新鲜的法式猪肚小香肠。与之相对较大的辣熏肠不同的是，这种香肠未经烟熏，一般扒制后趁热食用。

卡巴诺斯
一种由粗碎猪肉制成的波兰硬香肠，通常呈细长的形状，并且经过轻微的烟熏。可以直接食用，也可以烹煮后食用。

黑香肠/血肠
填满血（通常是猪血）、谷物和板油的香肠，用香料和香草调味，然后烹制而成。通常切片油炸。也称之为猪血肠。

熟食肉类

熏牛肉

将分割好的牛肉用盐、大蒜和香料（包括胡椒）揉搓，然后熏蒸。这是纽约犹太料理的一道特色菜，可以趁热食用或者冷食，通常切成薄片放在黑麦面包上食用。

盐腌牛腿肉/腌咸牛肉

将一侧有脂肪的牛腿外侧紧实的瘦肉，在香料卤水中烹制而成，也被称为咸牛肉。煮熟后趁热食用，和胡萝卜是经典搭配，也可作为冷盘摆食。

牛肉薄片

非常薄的腌熏牛肉片。曾经是美国的一种主要
食品，通常和奶油沙司一起放在吐司上食用。
牛肉薄皮通常卷在罐头中销售。

碎猪肉冻

这是一种将腌渍猪头肉剔下，粗略剁碎后放入肉汤内
煮，然后在模具中冻凝制成的菜品。在美国被称为猪
头肉冻，切片即可冷食。

禽类

禽类是一个专业术语，用于表示饲养的肉禽和蛋禽的总称，包括鸡、鸭、鹅、火鸡、珍珠鸡。肉禽在本章进行叙述，蛋类已在102~103页进行了叙述。

鸡肉是所有家禽中最常食用的。尽管现代饲养的鸡肉缺乏风味和口感质地，但它使曾经的奢侈品变成一种相对便宜的肉类。尽管在过去，鸡的年龄和品种都是影响口感质量的重要因素，但现在的喂料，以及无论是人性化的散养还是专业化管理的饲养方法，也都存在区别。鸡肉是一种特别的，用途多种多样的肉类，它能够被用来烘焙、烤、扒、炸、煮或者炖。其缺失的固有风味使其成为一个缺乏多样性的空白画布，可以尽情发挥各种调味品给其增色。

野味指为了狩猎而猎杀的野生动物。随着时间的推移，在现代环境下，以"保护环境"为目的饲养的野生动物，放生以确保种群数量，家养动物和野味之间的区别越来越小。有些"野味"实际上是人工饲养的。猎禽或羽毛类野禽，包括野鸡、鹧鸪、鹌鹑、松鸡、鸽子和野鸭。许多野生鸟禽受到保护，只有在特定季节才允许狩猎（英国猎鸟季节在本章会提到）。

真正野生猎禽比家养的肉质更加紧致，具有更强烈的风味。这是动物在野外生存中得到的锻炼和自然饮食习惯的结果。在野外处理野味，动物的年龄是最重要的影响因素，它决定了特定鸟类的食用口感质量，因此最重要的是如何进行最佳处理。

尽管家禽已经被大量饲养，但在一些国家，还是有许多人感染了沙门氏菌，这是常见的食物中毒现象的原因。因为高温才能破坏沙门氏菌，彻底烹调使肉更加安全，即使是肉鸡也不应该生吃或食用半熟的。在储存和处理生家禽时，还必须注意不要污染其他食物。

鸡

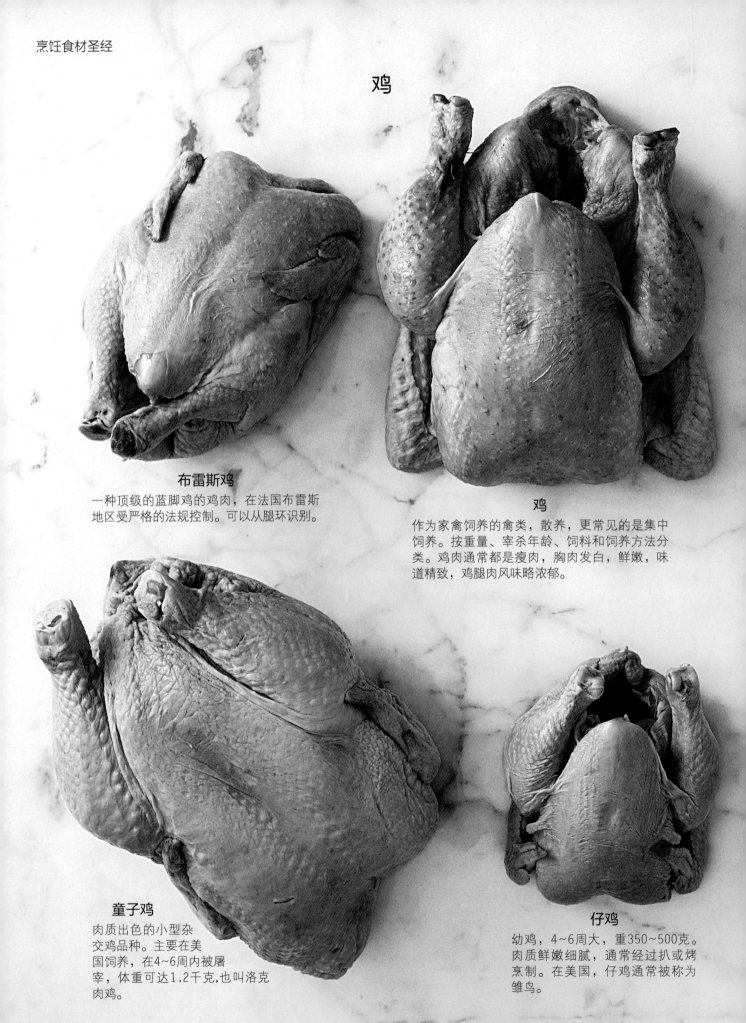

布雷斯鸡

一种顶级的蓝脚鸡的鸡肉，在法国布雷斯地区受严格的法规控制。可以从腿环识别。

鸡

作为家禽饲养的禽类，散养，更常见的是集中饲养。按重量、宰杀年龄、饲料和饲养方法分类。鸡肉通常都是瘦肉，胸肉发白，鲜嫩，味道精致，鸡腿肉风味略浓郁。

童子鸡

肉质出色的小型杂交鸡品种。主要在美国饲养，在4~6周内被屠宰，体重可达1.2千克,也叫洛克肉鸡。

仔鸡

幼鸡，4~6周大，重350~500克。肉质鲜嫩细腻，通常经过扒或烤烹制。在美国，仔鸡通常被称为雏鸟。

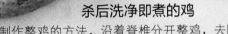

杀后洗净即煮的鸡

制作整鸡的方法，沿着脊椎分开整鸡，去除脊椎胸骨及肋骨，摊平，通常使用扒或烤的方法，用串肉签保持鸡的形状，这种方法也称作蝴蝶片法。

鸡部件

从鸡的关节分卸的部位，通常有八部分，鸡腿、翅根、鸡翅和胸肉各两个。

去骨鸡部件

整块去骨鸡肉，去骨可以减少烹饪时间，但风味也会有所损失。

火鸡、鸭、鹅

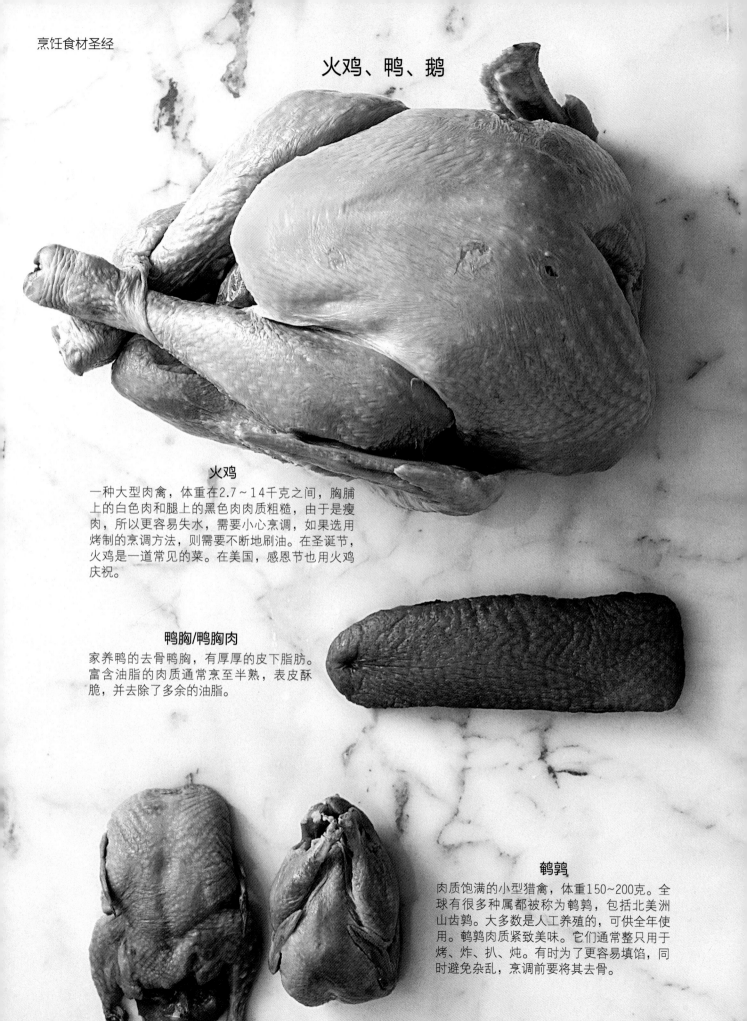

火鸡

一种大型肉禽，体重在2.7~14千克之间，胸脯上的白色肉和腿上的黑色肉肉质粗糙，由于是瘦肉，所以更容易失水，需要小心烹调，如果选用烤制的烹调方法，则需要不断地刷油。在圣诞节，火鸡是一道常见的菜。在美国，感恩节也用火鸡庆祝。

鸭胸/鸭胸肉

家养鸭的去骨鸭胸，有厚厚的皮下脂肪。富含油脂的肉质通常烹至半熟，表皮酥脆，并去除了多余的油脂。

鹌鹑

肉质饱满的小型猎禽，体重150~200克。全球有很多种属都被称为鹌鹑，包括北美洲山齿鹑。大多数是人工养殖的，可供全年使用。鹌鹑肉质紧致美味。它们通常整只用于烤、炸、扒、炖。有时为了更容易填馅，同时避免杂乱，烹调前要将其去骨。

鹅

一种驯化的大型有蹼禽类，一般是成年雌性。并非集中饲养，鹅的最佳食用季节是秋季和冬季，是一种欧洲传统节日的食物。肋骨大，其肉量比其体型看起来更少，它经典的烹调方式（油封肉）以富含极软的油脂而著名。

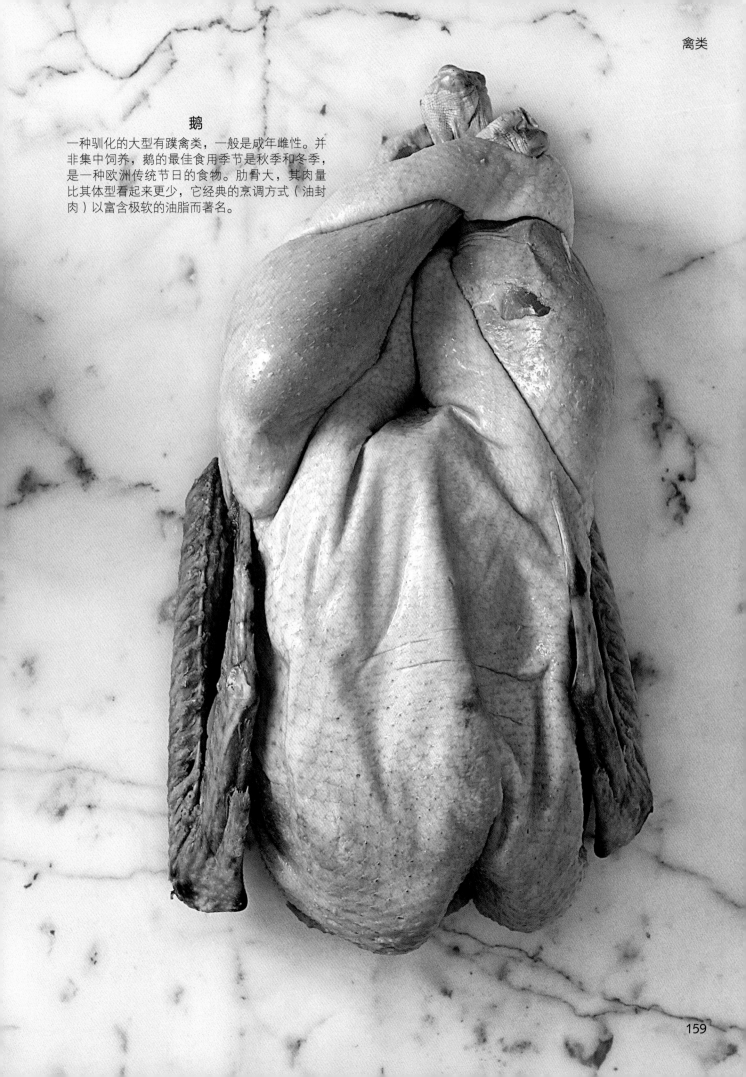

禽类产品

液态鸭油

从鸭肉中提取的过滤后的融化脂肪。熔点约在52℃，它是烹饪和保存油封鸭的介质，也可用以增加烤土豆的风味。

鸭肝酱

是一种由鸭肝泥和各种调味品制成的浓郁顺滑的膏状物，由肝和各种调味品制成。填鸭的肥肝造就了这道特别的浓郁的菜肴。

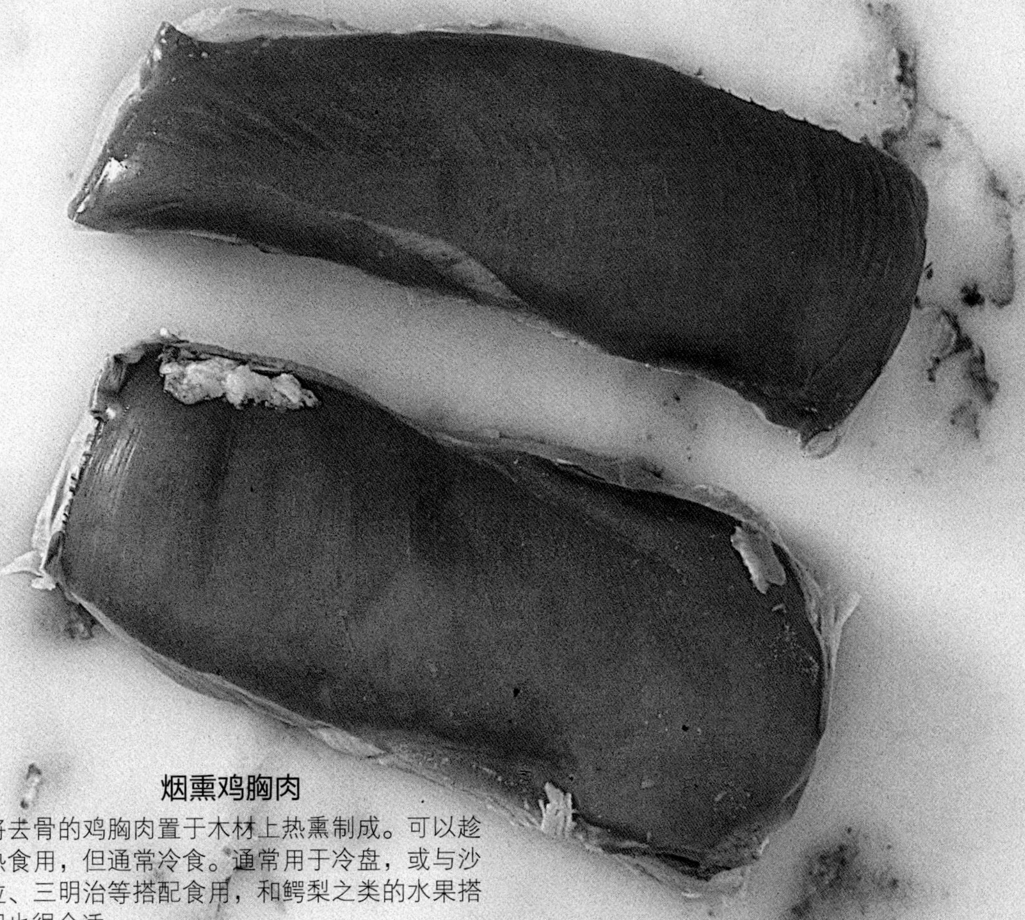

烟熏鸡胸肉

将去骨的鸡胸肉置于木材上热熏制成。可以趁热食用，但通常冷食。通常用于冷盘，或与沙拉、三明治等搭配食用，和鳄梨之类的水果搭配也很合适。

内脏

禽类的可食用内脏（心、肝、胃和颈部）。肝脏除外，这些主要用来炖高汤和肉汁。由于肝脏带来苦涩的味道，所有家禽和鸟类的绿色的肝脏物质都应被割去。一般烹饪至中心保持粉红色的熟度即可，以肉酱的形式与面包、意大利面和沙拉一起食用。在法国，内脏被用于制作一种炖菜（一种法式炖杂碎），腊鹅胗和沙拉叶子一起食用。

肥肝，实际上是脂肪肝，是被强行大量的喂食玉米的鸭或鹅的肝脏。是一种珍贵的美味，它有着丰腴和丝绸般的质感。不用加工即可出售，也可以趁新鲜加工后罐装出售，半加工消毒后出售，还可以包裹在自身的脂肪中储存。

禽类野味

野鸭

有着多种品种的非家养水禽，绿头鸭是最多、最常见的品种。尽管腿肉肉质偏瘦，仍有一层丰富的皮下脂肪。

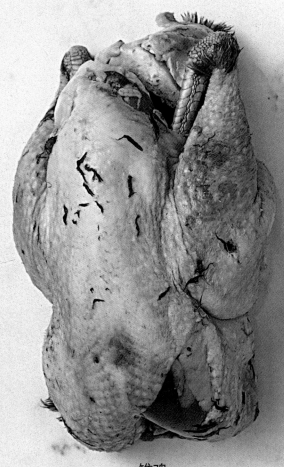

雉鸡

一种中型猎禽，通常圈养，然后释放以捕获。味道柔和，胸肉肉质比腿肉更鲜嫩柔软。强壮的腿经常作为支持物出售，母鸡的肉质会比公鸡的肉质更鲜美。

松鸡

一种在英国北部荒原上发现的野生小型猎禽。肉色暗红，味道浓郁。通常整只供应。

准备工作

　　猎禽通常被悬挂，不拔毛，锤制软化以增强其风味，时间的长短取决于禽类品种、天气以及口味。野生禽类可能含有残留的弹片，必须在食用前去除。

　　因为不得不自己猎食，自然而然地，野生动物的肉质精瘦，易干，烤制时需不断涂油。幼嫩的禽类只需简单用热烤箱烤制，黑肉禽类半熟或成粉色。而肉质更老的禽类更适合炖煮。传统的英国烤禽菜肴有面包酱、炸面包屑、肉汁豆瓣菜和水果果冻。

鹧鸪

一种小型欧洲猎禽。有两个主要品种：更受青睐的是灰色或英国鹧鸪，肉质洁白，细腻鲜美；第二种是现在普遍体型更大的法国鹧鸪或红腿鹧鸪。

鸽子

胸部丰满的欧洲斑尾林鸽，秋季是最佳食用时节，被认为是最好吃的野味。肉色较深，肉质紧实，风味浓郁。被商业化饲养的乳鸽或雏鸽，比成鸽肉质更加柔嫩。

时节

世界各地的猎鸟时间都有所不同，这取决于物种。新鲜禽类只在适当的季节可以使用，但在一年的其他时候也可以找到冷冻的禽类。

英国的猎鸟时节：

松鸡：8月12日至12月10日

雉鸡：10月1日至2月1日

鹧鸪：9月1日至2月1日

野鸭：9月1日至1月31日，或直到2月20日低于高潮标记

珍珠鸡

一种驯养野生鸟类，较鸡而言更小更瘦。其肉质与野鸡相类似，腿肉风味较重，肉质易干。

鱼类与海鲜

广义上，"海鲜"是任何可以食用的水产（淡水或咸水水产都包括在内），包括鱼类、贝类和海藻。鱼是具有鳍和鳃的冷血水生脊椎动物。贝壳类动物、水生无脊椎动物有一个外壳。甲壳类动物的特征是分节的四肢与身体和外骨骼。软贝类、各种腹足类（单壳）、双壳类（双铰壳）、头足类（大都具有进化后的内壳层）。海藻植物：海洋藻类根据其颜色辨识。

由于鱼类和海鲜包含大量的物种，因此许多名称是混淆的，不同的物种被赋予相同的名称，而本书提到的名称是同一种海鲜的复合名称。

为了区别海鲜，列出了主要使用的别名、俗称和拉丁语名称。

鱼类的名称没有标准，可以根据大小、形状、肉密度和脂肪含量分类。对于厨师来说，这些特征十分重要，同类型的鱼可以互相替换。

即使随着水产养殖的增加，仍有大量的食用海鲜是野生生长的。因此，同一种类的海鲜也不一定有相同的味道，其风味根据栖息地的食物等变化。为了安全起见，确定其来源是十分重要的。

一般来说，鱼新鲜的时候最好吃。鱼是冷血动物，所含有的酶在生长温度下最活跃。冷冻后，它们会持续分解。为了减缓这一过程，鱼被晒干、盐渍。尽管有了现代的保存方法，但仍然采用许多传统方法以赋予其不同的风味。

通常，海鲜只需要很短的时间烹饪，直到肌肉蛋白凝结并变得不透明。因为其结缔组织脆弱，肌纤维短以及相对较低的脂肪含量，如果过熟，会变得干硬甚至解体。只有非常新鲜的鱼类和贝类才能生吃。

淡水鱼

鳊鱼（欧鳊）

鲤科淡水鱼，也被称为花鳊、普通鳊鱼、鲤鳊。喜欢生活在泥底，烹调前需去鳞去骨。

鲤鱼

一种大型淡水鱼，鲤科鱼类中最常见的一种。肉质粗糙，易去骨，在欧洲受欢迎。鲤鱼有泥土的味道，需浸在酸性水中反复冲洗。烹调前应去鳞、鳃和胆。

鲑鳟鱼（褐鳟）

海里的鳟鱼品种：在英国，称为迁徙性褐鳟鱼或海鳟鱼；而在美国，往往只是令人混淆的"鳟鱼"。它们的肉富含油脂，呈粉红色（另参考鳟鱼）。

鲶鱼

一种包含多种品种的鱼类的总称，包括淡水品种和海水品种。典型的特征包括口周的晶须状长触须，宽扁的头部以及坚韧的无鳞表皮。美洲鲶鱼科鱼类肉质紧实，味道温和，有许多小刺。

鲑鱼

一种大型洄游鱼类，包括五六种大鳞大马哈鱼属的鱼类，也是大马哈鱼家族的，最珍贵的是奇努克鲑或国王鲑。所有种类的鲑鱼都是不同程度上的粉红色或微红色，肉质紧密，富含油脂，养殖的鲑鱼比野生鲑鱼肉质更柔软。

欧洲鲈鱼

一种背鳍锋利的淡水鱼。虽然多种鱼都使用这个名称，但是真正的鲈鱼是鲈鱼科的。肉白色，肉质瘦。

罗非鱼

一种小型食草性淡水鱼，也称圣彼得鱼。养殖量大，表皮有密集的斑点，肉质呈白色，有时略带粉红色，纹理细密。

鳟鱼

鲑鱼家族中广泛养殖的淡水鱼物种，肉质呈粉红色或白色，油脂适度，肉质坚实，味道精致，有时有泥腥味，在美国叫做虹鳟（参见鲑鳟鱼）。

梭鱼
（白斑狗鱼）

一种贪婪的食肉性淡水鱼。肉质紧实，干瘦，有许多Y形骨头。大梭鱼的肉质坚硬，中等尺寸的梭鱼是烹饪的首选。

咸水鱼

红鲻鱼

地中海和欧洲大陆的一种小型鱼类，在美国叫山羊鱼。多鳞，呈独特的深红色，以其紧实、片状的肉质闻名于世，口味类似于白身鱼，其肝脏也是一种美味。烤或煎是最佳食用方法。

海鲂（日本鲷鱼）

一种体型偏瘦，呈圆形的鱼，发现于全世界范围内的深海中。有一个大头腔，只有三分之一可以做成食用鱼片，肉白，无骨，紧实美味。也称作圣彼得鱼，典型区分标志是其侧面的标记，据说是使徒的指纹。

海欧鲈

欧洲的一种银色海鱼，也叫做鲑鲈鱼。具有柔软、轻微片状的肌肉纹理，肉质湿润细腻，几乎无骨，非常珍贵。表皮含油量高，适合大部分烹饪方法。

灰色鲻鱼
世界上许多暖温带水域沿海地区的海产鱼类，银灰色并覆盖着鳞片，肉白色，肉质细嫩，但由于是食草的底层鱼类，通常有泥腥味。

扁鲨
一种体型巨大的深海鱼。一般去头去皮地卖出，或售出尾端单独位于中间的软骨脊椎，构造紧密可与龙虾肉相比。略带紫色的薄膜应该在烹饪前去除。

鲂鱼
一种产于温暖水域的鱼。整个族群的圆锥形身体上都有一个大的骨质头，肉白色，肉质紧实，较柴。在美国叫做鲂鲱。

深海鱼

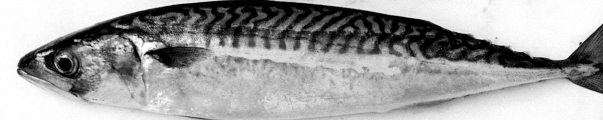

马鲛鱼

一种鲭科中型浅水鱼。肉质紧实，风味浓郁，脂肪含量
很高，很容易变质，最好用干燥的方法来烹饪。马鲛鱼
通常配有酸酱汁，传统上是配醋栗。

狗鳕

鳕属海鱼，最多可以长到1米。肉瘦，味道精致，
呈奶白色，口感柔软，纹理相对较少，易去骨。
它适合大多数烹饪方法。

鲣鱼

鲭科的一种，包含着许多种类的大型海面鱼类，包括金枪鱼和马鲛鱼。鲣鱼在大西洋和地中海中被发现，一种生活在太平洋的近亲叫作飞鱼。相比而言，肉质紧实，浅色，味道浓郁。与金枪鱼处理方式一样；新鲜的可以像肉一样煎制，常常切成鱼排。也可以生吃，切细片。大多数金枪鱼是罐装的，而且在日本鲣鱼干是干的，刨成片的。

鲹

一种鲹科海洋鱼类的统称，在热带水域常见，但在温带水域发现，特别在印度洋太平洋地区和澳大拉西亚。它们的肉是白色的，味道浓郁，易于干燥。

王鲭

在全世界温水中发现的大型海洋鱼类，也是西班牙鲭鱼之一，也称为王马鲛。肉质紧实，富含油脂，通常烤和烟熏，在东南亚，常制成咖喱。

珊瑚礁鱼

石斑鱼

一种体型介于中等与大型海鱼之间的石斑鱼，被认为是澳大拉西亚的鲸，生活在全球温暖的岩石地带和热带水域处。通常出售的鱼排都是通过烤和炸的方式，其紧致、片状、美味、雪白的肉是优质食材。

鹦嘴鱼

一种色彩鲜艳，在海鱼中体积介于小型与中型海鱼的鹦嘴鱼科，牙齿像鸟嘴一样重叠在一起，在全球温暖的珊瑚礁和热带水域中发现。经常加工成全熟，其片状的白色鱼肉具有优良的食用品质。

梭鱼

一种体型长窄，称为巴拉金梭鱼的海鱼，在全球热带水域的珊瑚礁中被发现。食用体型较大的梭鱼会导致中毒。而体积较小的无毒的种类有紧致、雪白的鱼肉，加工时多选择干燥。

皇帝鱼

一种龙占鱼科中型海鱼，主要分布在热带印度洋、太平洋的珊瑚礁中，也称为上校鱼。肉质多汁，呈白色，具有优良的食用品质且适合大多数烹饪方法。

红鲷鱼

一种体型中等的笛鲷科海鱼，表皮为红色，在全球温暖的海水中被发现。鱼鳞下是雪白紧致的片状鱼肉，十分美味且适合大多数加工方法。这种鱼被认为是澳大拉西亚鲷科类的一种斑鱼。

无骨鱼

何时加工?

一些无骨鱼有一种氨气味道,这是其新陈代谢的自然结果。为了抵抗海水的盐分并维持渗透平衡,它会在血液和组织中制造尿素。死后,尿素进行分解,产生氨气,所以才会有气味。

虽然捶打鱼肉能够使其松软,但最终会使其变得过于坚硬,因此加工这种鱼肉的理想时间大约是在其死亡后的两天,这个时候是最佳的,虽然鱼肉正在变质但还算令人满意,气味也可以通过浸泡在酸性水中减少。

鳐鱼

一种扁平的鳐科底层海鱼,像翅膀一样的胸鳍也可以食用,通常贩卖时会切断并剥皮。身体里只有软骨,没有真正的骨头,煮熟后,长条状柔软的白肉很容易从软骨中剔出。经典做法:胸鳍用来水煮,配以黑黄油。

角鲨

小鲨鱼的种类很多,有各种各样种类的鲨鱼肉,石鲑鱼,魔鬼鱼和雀鲷科,都有着坚韧的、粗糙的皮肤,以及一个没有真正骨头的软骨骨架。肉质紧实,大部分鱼肉都味道浓郁,可以用于重口味的烹饪,经常是做成炸鱼配薯条。

鲨鱼

一种海鱼，有很多种类，大小也不同，所有鲨鱼都是只有软骨骨架，没有真正的骨头。肉质紧密，厚实，有一点点油脂风味。鼠鲨和灰鲭鲨的肉像牛肉一样是粉色的。大多数的烹饪方法都是适用的，尤其是烧烤，注意不要过度烹饪。

鳕鱼

鳕鱼

一种大型的圆形海鱼，是鳕科中的一种，在寒冷的太平洋和大西洋水域中发现。薄片、多汁、耐嚼的白色鱼肉被分割成鱼排和带骨鱼肉，非常适合食用，适合大部分鱼类烹饪方法。鳕鱼的幼鱼（美国）和幼鳕（英国）都是小型鳕鱼。

牙鳕（*Merlangius merlangus*）

鳕鱼家族中的一种小型海鱼，在地中海到大西洋北部之间被发现。它的味道温和，肉质偏瘦，烹饪时，细密的鱼肉易散落。

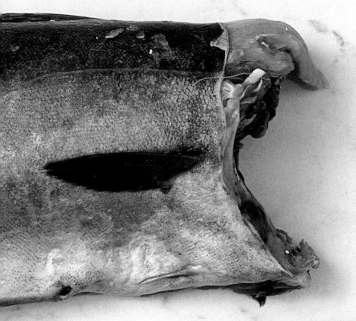

青鳕（*Pouachius Pollachius*）

一种鳕属海鱼，出现于东大西洋。因为其白色瘦肉相较于鳕鱼偏干且风味不足，所以不被认为是一种优质的食用鱼。另一种鳕属海鱼，在美国被称为波拉克（青鳕），以及英国的鳕鱼、黑鳕或者绿青鳕，鱼肉粗糙呈灰白色，烹饪时肉色变白。

黑线鳕（*Melanogrammus aeglefinus*）

一种鳕属中型深海鱼，产于大西洋。相较于鳕鱼更软，鳞片更小，肉白有甜味，有着和鳕鱼一样的准备与烹饪方法。

比目鱼

比目鱼（*Scophthalmus rhombus*）

一种欧洲浅水区的海产比目鱼，和多宝鱼是近亲。鱼呈长圆形，鱼鳞可食用，表皮非常光滑，鱼肉为白色瘦肉，质地风味极佳，被认为仅次于多宝鱼。

檬鲽（*Microstomus kitt*）

一种欧洲水域出产的海产比目鱼，表皮光滑有黏液。因为其眼睛在左半头的右侧，不是真正的比目鱼。檬鲽的肉呈白色，柔软，风味极佳，可以和比目鱼一样烹饪，用于烧烤也别具风味。

大菱鲆（*Psetta maxima*）

一种欧洲近海水域大型海产比目鱼。菱形的身体使其形成了没有鳞片的表皮，上面黑色的部分覆盖着骨质结节。肉质坚实质密、湿润呈白色，口味甜美，被人们高度认可。传统做法是将整鱼水煮，但因为其体型较大，如今常被加工成鱼排。体型较小的被人们称作"鸡仔比目鱼"。

大比目鱼
（*rlippoglossus spp*）

是体型最大的比目鱼，发现于北大西洋和北太平洋冰冷的深海。白色鱼肉，肉质紧致。尽管肉质偏干，但风味极佳。因其体型常被加工成鱼排售卖。

鲽鱼（*pleuronectes platessa*）

一种欧洲水域的比目鱼。眼睛周围棕色表皮上有橙色或红色的斑点，没有眼睛一面的表皮呈珍珠似的白色。由于生活在砂质海床，其紧致的白色鱼肉有微妙的甜味。

鳗鱼

一种长得像蛇的鱼类，大部分出产于安圭拉岛，在海中产卵、死亡，但是生命中度过的绝大多数时间是在淡水中，也是其捕捞地。在其坚韧难去除的光滑无鳞表皮下，有着紧致的粉白色鱼肉，口感细腻而丰富。通常用于炖煮，烧烤或者熏制。

179

甲壳类

龙虾（*Homarus spp.*）

一种生活在冰冷的大西洋海域的甲壳类动物，有一对前螯、五对足以及一个光滑节状腹壳。其美国品种 *H.americanus*（最有名的是缅因州龙虾），生的时候是深绿色的。更深蓝色的欧洲品种 *H.gammarus*。当烹煮时，它们的壳会变成亮红色。作为最受推崇的甲壳类动物，龙虾有致密的纹理，甜味丰富的白色肉尾（腹部）和螯。其糊状的内脏被称为膏，能在其胸部找到。雌性龙虾的龙虾卵，是绿色的，十分精致，被用于拌入沙司中，龙虾壳则可能用于盛放菜肴。

拖鞋龙虾

　　蝉虾科海洋甲壳类，产于以鲔鱼和铲鲨闻名世界的温暖或温带水域，在澳大利亚，类似龙虾。即使大小和颜色不相同，所有拖鞋龙虾都有前端如铲子的触角，并且有十分坚硬的壳。尾巴白嫩的肉食用起来香甜多汁。一个主要的品种：东方扁虾或者称摩顿湾龙虾，有着红褐色、暗黄色的尾巴，生活在澳大利亚北部的近海泥泞区域。迟钝的红色巴尔曼龙虾产于澳大利亚南部海岸。

大螯虾/淡水螯虾

　　一种暖温带水域龙虾科的海产甲壳类动物，有十对足但没有螯。颜色呈红褐色或紫色，还有的呈绿色，生的时候有带刺的壳，烹饪后会变成亮红色。肉呈白色，肉质紧密有甜味。常被冷冻起来进行售卖。大螯虾也被称为澳大拉西亚和南非的岩石龙虾、淡水螯虾（不要和淡水小龙虾混淆），以及法国龙虾。

挪威龙虾（*Nephrops norvegicus*）/挪威海螯虾
一种类似小龙虾的海洋甲壳类动物，也称为都柏林湾虾、海螯虾、挪威海螯虾和佛罗里达龙虾。长达24厘米，粉红色或橙红色的外壳，肉质相对较少，大部分在尾巴上，味道甜美细腻。

海螯虾与对虾

在英国和美国，海螯虾和对虾有不同的使用方法。"虾"代表褐虾科和较小的虾种，而"螯虾"用于长臂虾科的品种。在北美洲，"shrimp"是用来描述这两个物种，不管它们的大小。如果使用"prawn"这个术语，它意味着较小的物种。

褐虾（*Crangon crangon*）
一种主要见于河中的十足甲壳类动物，是欧洲最常见的虾，最大6厘米长。呈半透明的灰色或褐色，熟时变褐色。在盐水中短暂煮沸后，把肉从尾巴上剥下来吃，通常放在黄油里。在北太平洋与加利福尼亚的咸水河口特有的褐虾虾种表示同一属，已知有加利福尼亚虾、湾虾或灰色的虾。

普通食用虾（*Palaemon serratus*）

一种沿海海洋虾蟹类，普通的食用虾。市场中常见的大小一般为7~8厘米长，新鲜活虾为无色，在煮熟时呈橙红色。在美国称其"对虾"，通常将虾头去掉再售卖。

对虾

　　对虾种类繁多，多生活在温带和热带的淡水和咸水中。长有柄眼、触角和十只虾足，整体被包裹在一个多节的虾壳里。虽然不符合解剖学的解释，但通常把虾的食用部分都称为'尾部'。未加工的虾呈绿色。

明虾

一种非常大的虾，在美国也被称作珍宝虾。在英国以大小分类，指每千克不足123只（整虾）的虾，在其他地方，这个名字则指别的特定种类的虾。最有名的是澳大利亚东部的大虾，整体呈淡红褐色和亮黄色。

（大西洋）蓝蟹/软壳蟹（*Callinectes sapidus*）

一种十足类甲壳动物，主要分布于美国东海岸，是软壳动物中的一种，当它刚褪去坚硬的外壳时，软壳状态时十分受欢迎，也被称为"软壳蟹"。当它处于硬壳时期也能食用，煮熟后呈现红色。它的肉质柔软呈棕色，具有优质的食用品质和营养价值，大部分可食用肉在蟹螯。

普通黄道蟹（*Cancer pagurus*）

一种欧洲大型十足甲壳类生物，蟹螯肉呈白色，蟹身肉呈棕色，肉质微甜并带有一丝鲜味，是做菜的首选。

水煮或蒸熟后，将蟹肉从壳中取出，它的肝脏也是一道美味。它的鳃则在头部后方，被称为是"死人的手指"，不能食用。

贝类（软体动物）

原生牡蛎（*Ostrea edulis*）

一种生长缓慢的双壳贝类，原产于欧洲，又称欧洲平牡蛎、长牡蛎。壳呈圆形、扁平状，肉呈灰白色。自身带有轻微金属碘，它的味道被认为优于其他的品种，通常生吃。一般情况下，野生牡蛎应在其夏季产卵前应季的几个月内食用。

太平洋牡蛎（*Crassostrea gigas*）

一种生活在海洋生长迅速的双壳贝类，世界各地均有分布，也被称为亚洲牡蛎和日本牡蛎。在法语中被称作凹陷的牡蛎（huîtres creuses）。壳细长，有凹形的折边。寒冷的冬季是最好的食用时节，此时牡蛎肉质有灰白色的光泽，带有海水的风味。在夏季产卵时它的肉质变软，呈乳白色。

蓝/紫贻贝（*Mytilus edulis*）

一种双壳类软体动物，生活在全球大部分的海床，并且被大规模养殖。壳呈黑色，有凸起，形状细长，呈椭圆形。其肉质呈奶油色或橙色，可生食，通常需经刷洗，去除壳表长须后烹制食用。

鲍鱼

大型单层海洋鲍属软体动物，生活在潮间带的岩石上。食用部分是其闭壳肌和腹足。需指出的是，在烹饪之前要经常打击使其软化，除非短暂烹制，否则口感会非常坚硬。其风味十分美妙。

扇贝

一种扇贝科双壳类软体动物,分布于全球各地的海床。是一种珍贵的美食,食用部分是紧实甜美、多汁丰满的圆盘状闭壳肌,修整过的裙边和黑色的胃。在欧洲和北美,常和风味细腻强烈的橙色龙虾卵或鱼子一起食用。

海螺

一种蛾螺科腹足类大型海洋蜗牛。食用部分是肌肉发达的腹足,坚韧有嚼劲。在英国,通常用盐水煮后用醋腌制。由于蛾螺会吸收猎物的毒素,所以最好从专业采集者处采购海螺。

蛤

一种双壳类软体动物，在世界上有许多不同的品种，主要分为软壳蛤（长颈蛤）和硬壳蛤（印第安人称作短颈蛤或者圆蛤）两大类。在北美，硬壳蛤按大小分为小帘蛤、小圆蛤和杂烩蛤蜊；开槽蛤在法国被称为缀锦蛤，是一种欧洲硬壳蛤。沙海螂、剃刀蚌和象拔蚌是软壳蛤品种。根据蛤的大小，蛤蜊可以生吃或煮熟、蒸、烤和杂烩。

鸟蛤

一般指许多小型双壳软体动物中的品种，主要属于鸟蛤科（真正的鸟蛤）和同心蛤科（鸡心蛤）。由于它们生存在沙子里，所以在食用之前须将沙子清理干净。和蛤蜊、贻贝一样，可以生吃或烹调后食用。

准备鱿鱼、章鱼和乌贼

鱿鱼　拉住鱿鱼的触角，将墨囊和内脏拉出，把眼睛前的触角切除。挤压头部末端的触角，切除露在体外的口器，去掉身体内的管状透明软骨。切掉鳍，去掉紫色内膜，清洗干净即可。

章鱼和乌贼　切除头部的触须。和鱿鱼一样，挤压并切掉压出来的口器。把头从身体上切除。后续处理如下：

章鱼：将身体内侧翻出，去除内脏和墨囊，漂洗干净。在沸水中煮白，冷却后去除内膜和吸盘。

墨鱼：撕裂身体，去除骨头，墨囊和内脏。清洗干净，去除内膜。内脏、口器、软骨、骨头和内膜都需要去除。墨囊可以用于保持菜品风味和色泽。

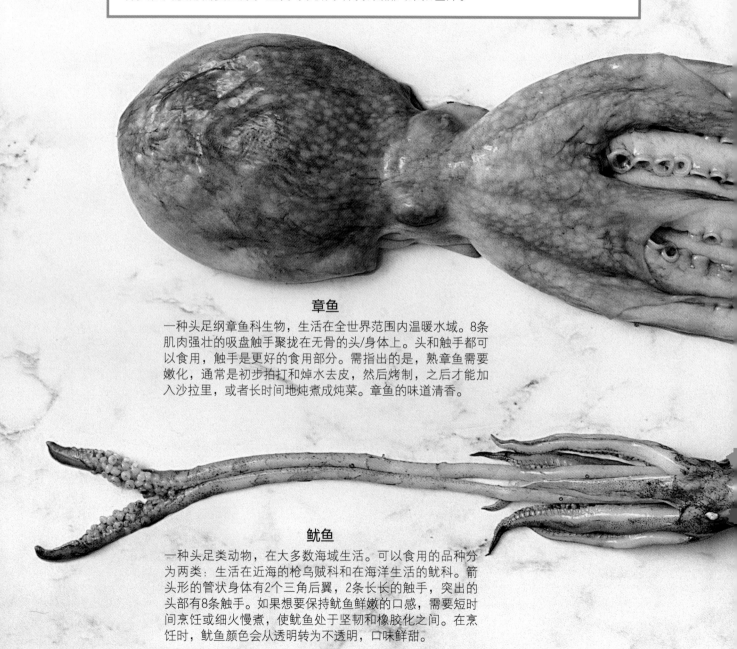

章鱼

一种头足纲章鱼科生物，生活在全世界范围内温暖水域。8条肌肉强壮的吸盘触手聚拢在无骨的头/身体上。头和触手都可以食用，触手是更好的食用部分。需指出的是，熟章鱼需要嫩化，通常是初步拍打和焯水去皮，然后烤制，之后才能加入沙拉里，或者长时间地炖煮成炖菜。章鱼的味道清香。

鱿鱼

一种头足类动物，在大多数海域生活。可以食用的品种分为两类：生活在近海的枪乌贼科和在海洋生活的鱿科。箭头形的管状身体有2个三角后翼，2条长长的触手，突出的头部有8条触手。如果想要保持鱿鱼鲜嫩的口感，需要短时间烹饪或细火慢煮，使鱿鱼处于坚韧和橡胶化之间。在烹饪时，鱿鱼颜色会从透明转为不透明，口味鲜甜。

墨鱼

一种头足纲墨鱼科和耳乌贼科的生物。身体呈扁平的椭圆形，有1根大内骨和8个断臂和从头部伸出的2个触手。身体部分和头的大部分可食用，身体部分更为美味。较大的个体肉质可能会非常坚韧，所以在烹调前需要拍打或焯水去皮使其嫩化。墨鱼可以使用和鱿鱼及章鱼同样的方式进行烹饪，但是其肥厚的肉质被认为相对劣质。

烟熏鱼类和海鲜制品

腌鲱鱼

腌鲱鱼：将鲱鱼划开，清洗干净，加盐腌制，然后在橡木上进行冷熏。是一道英国经典菜式，成对销售，可以油炸、烧烤或用陶罐炖煮。

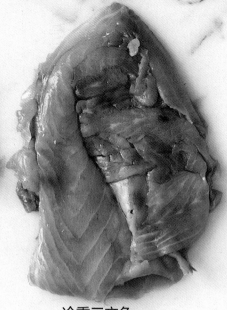

冷熏三文鱼

新鲜三文鱼分切成两片，用盐水腌制或者干腌，然后在木头上悬挂烟熏几个小时制成。成品仍然是生的、湿润的、有烟熏味，可直接食用。

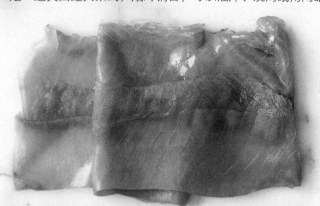

烟熏鳟鱼

新鲜鳟鱼备用，用盐腌制，然后悬挂在木头上进行烟熏。通常热熏，经常去除内脏后整条烟熏，也可以像三文鱼一样冷熏（如前文叙述）。味道醇厚，烟熏风味十足，可以直接食用，也经常制成慕斯。

烟熏杖鱼

杖鱼（不是锯盖鱼），一种油脂丰富的、骨头细长的鱼，切开摊平后在橡木上热熏。在南非很流行，可以直接食用，也可以制成饼。

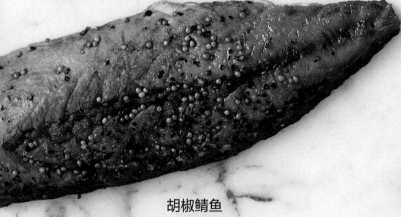

胡椒鲭鱼

新鲜鲭鱼切片，用盐腌制，加上粗切的黑胡椒籽，然后在木头上热熏。无需多余烹饪，去皮去骨后，可以直接冷吃。质地坚硬，风味强烈，辛辣刺激。

咸干鳕鱼/巴卡劳/马介休/鳕鱼

鳕鱼切开摊平，用盐腌制，然后干燥。含有大约40%的水，无须冷藏即可保存。浸泡在淡水中48小时后会产生变化，有多种烹饪方式，通常直接煮熟食用，在法国以奶油鳕鱼酪出名。

熏鱼

从本质上说，有两种烟熏方法：冷熏和热熏。这两种方法的准备工作是一样的。全是将去骨或者切片的鱼进行腌制，干腌或盐水腌制，然后风干。保持在不超过29℃低温下，这样烟会渗透到鱼肉内而不会使其煮熟。热熏是在一段时间的冷熏后，烟熏温度上升到大约85℃，这样鱼就熟了。烟熏所使用的木材会影响到鱼的风味。硬木是最受欢迎的，例如，英国的橡树、美国的山核桃、新西兰的马努卡。而软木使肉质变苦，但能赋予其好看的颜色，所以有时会小比例添加软木。商业化的烟熏有时会在烟熏前给鱼肉染色，以达到更诱人食欲的样子，一般来说，这种鱼是一种鲜艳的橙色。

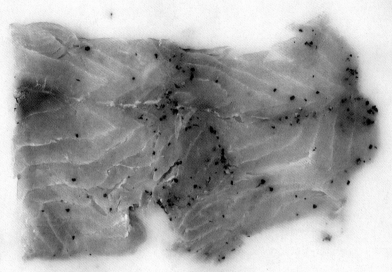

渍鲑鱼片

用盐、糖、胡椒和切碎的新鲜莳萝腌制的鲑鱼片。这是一道斯堪的纳维亚式的特色菜，通常配以莳萝芥末酱切成薄片生吃。

烟熏黑线鳕

新鲜的黑线鳕鱼片，去头，清洗，劈开后打开，然后用盐水腌制并冷熏。需要烹煮后食用。传统的方法是将其放在水中或者牛奶中烹煮后食用。肉质湿润，有烟熏风味，呈片状，是鸡蛋葱豆饭的关键组成部分。在苏格兰和美国，整个烟熏黑线鳕鱼被切开但留下脊柱骨的做法被称为"熏鳕鱼"。

牡蛎罐头

将牡蛎用盐水、油或酱汁腌制，有时还会熏制，制成罐头。其质地坚硬而干燥，味道和鱼相似。

贻贝罐头

将贻贝用盐水、油或酱汁腌制，有时还会熏制，保存在罐头里。质地坚硬而干燥，其味道和鱼相似。

鱼类及海鲜制品

希腊红鱼子泥色拉

一种起源于希腊的顺滑的酱料，由咸鱼子（传统用鲻鱼，现在经常用熏鳕鱼）与水浸面包、橄榄油、柠檬汁和洋葱混合制成。

香料醋渍鲱鱼卷

把去骨的鲱鱼鱼片切开，平摊在一种洋葱和小黄瓜的馅料中卷成卷，腌泡在一种香料醋中制成。

鱼子酱

不同种类的鲟鱼采用盐腌的成熟鱼卵：深灰beluga鲟鱼的鱼子是最大的；金棕色osciotr鲟鱼的鱼子中等大小；灰色闪光sevruga鲟鱼子最小。最好是轻微腌渍，应冷藏保存，不能加热。

金枪鱼罐头

预煮的金枪鱼肉装在油、盐水或水并保存在罐头中。按大小分级，使用白肉金枪鱼（品质更佳的长鳍金枪鱼）或白肉（黄鳍金枪鱼）制成。

凤尾鱼罐头

小鱼，片成片，然后腌制，油浸或干腌。非常咸，仅需一点即可给菜品调味，特别在地中海料理中，浸泡可以减轻其咸味。

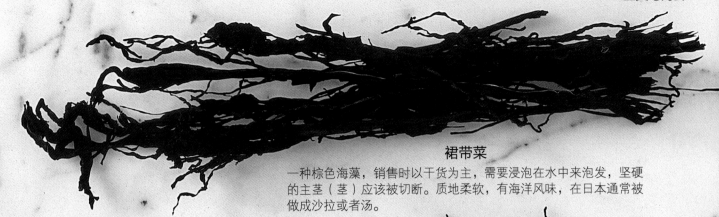

裙带菜

一种棕色海藻，销售时以干货为主，需要浸泡在水中来泡发，坚硬的主茎（茎）应该被切断。质地柔软，有海洋风味，在日本通常被做成沙拉或者汤。

羊栖菜

一种棕色海藻，主要被制成干的小碎片来销售。由于羊栖菜含有大量潜在的致癌物无机砷，许多人反对食用。

海白菜/昆布

巨藻类的褐色海藻。非常鲜美，在日本料理中很常用，它是汤汁汤料中不可或缺的成分。干燥坚韧的缕状物可轻松擦去，在使用前不需要清洗去除表面的盐粒。

海苔/紫菜/紫菜

一种略带红色的海藻，干燥后呈紫黑色。在日本，除了裹寿司，薄片型的海苔都是烤过的，切碎作为装饰，或弄碎撒在米饭上。在威尔士，它被煮成浓汤，或者混合燕麦片来制作莱佛面包（紫菜面包）。

香草、香料和调味料

调味品用于提升食物的风味。从烹饪的食物中提取，烹饪完成后再添加到食物中。在这一章中，调味品的概念广义地包括香草、香料、盐、调味品、高汤、醋、油和脂肪（乳制品的脂肪制品见100页）。

香草被定义为植物的绿色部分，通常是叶子，但有时也会用到茎。长久以来，香草一直被用于医学、美容和烹饪，在这里我们只考虑最后一项。新鲜香草和干香草都可以使用。当香草干燥时，去除水分，留下的精油赋予香草香味，有效地浓缩了香草的味道。通常约三分之一份的干香草等同于一份新鲜香草的效果。然而，新鲜香草和干香草并不总是可以互换，大部分香草干燥后会失去新鲜的前味和那些由于挥发性油的损失从而导致缺乏关键风味。

香料指除叶以外的植物的任何部分，可能是芽、树皮、根、根茎、干果仁、种子或柱头。大多数香料都是干燥的，许多香料是通过在固化过程中引发的酶反应以获得其独特的风味。干烤通常可以提升其风味。

调味品指带有浓郁风味的佐料，用以搭配餐桌上的食物。调味品也用于厨房的调味。

咸和酸的味道来自于盐和酸性果汁，以及复杂的发酵产品，如鱼酱、酱油和醋。这些通常与香料和香草混合，用于制作芥末酱、泡菜、酸辣酱和酱汁。

基础汤和油脂作为烹饪的媒介，赋予食材风味。以油为例，用于调味。

调味品并不是必须添加的，应该谨慎使用。

香草

罗勒

一种温暖气候地区生长的草本植物，有丁香般的芬芳。其嫩叶最好在烹调后加入菜肴中；加热后，挥发油散发出其清香。十分适合与番茄搭配使用。

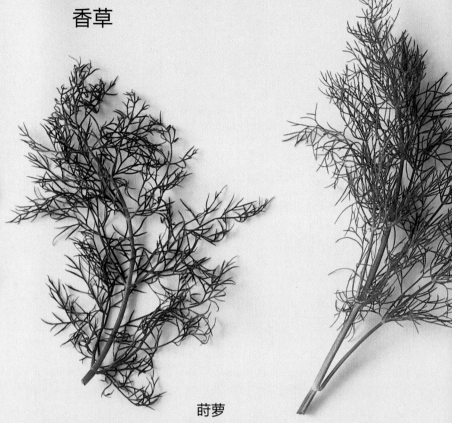

莳萝

伞形科草本植物，有独特芳香风味，嫩叶呈羽毛状。常与鱼、土豆、腌黄瓜、酸奶油搭配，烹调后，香气散发。在美国，也被称为莳萝叶。

茴香

伞形科草本植物，茎大而空心，叶子呈羽状。充满茴香味的甜茴香，适合与鱼和猪肉搭配使用。野生茴香味苦，没有茴香味。

牛至属植物/牛至

一种野生马郁兰，在希腊被称为里加尼。质地粗糙，其味道与百里香相类似，比马郁兰浓郁，适合浓郁的风味菜肴。干燥后，味道更加刺激。

马郁兰

甜马郁兰有百里香般的味道，但更香甜，比牛至更细腻。可以直接作为生叶加入或烹调完成后加入。干燥后风味更加浓郁。

荷兰芹

一种柔软的伞形科草本植物，独特而不张扬的味道与新鲜爽脆的口感相平衡。平叶的品种，也被称为意大利欧芹。在欧洲和中东地区的菜肴制作中占主导地位，口味比卷叶品种更强烈。

鼠尾草

一种草本植物，其柔软的芳香叶子有一种刺鼻的气味。最好适量使用。它的涩味能中和富含油脂的高脂肪食物。可以长时间烹饪或干制。

迷迭香

叶片质地坚韧，呈针状，味芳香，有浓烈的辛辣及樟脑风味。它的涩味补充了淀粉类食物的风味并中和了肉类的油腻，尤其是羊肉。

柠檬百里香

一种百里香，味道柔和，有柠檬的香味和味道。和百里香一样使用，并带有一种与百里香略有不同的微妙味道。

百里香

一种有着强烈芳香的草本植物，具有浓郁而辛辣刺激的味道。可长时间烹调。适合与番茄搭配，同时也适合与其他香草搭配。

龙蒿

法国龙蒿是半耐寒草本植物，有一种奇特的酸味和茴香风味。用于经典的法国料理，适合搭配鸡肉、鸡蛋和奶油沙司。俄罗斯的龙蒿几乎没有什么味道。

薄荷

留兰香薄荷常见的花园栽培的品种，是最常用的烹饪薄荷。有清新凉爽的芳香，它有许多用途：用于酸奶、水果和蔬菜，或用于制作酱汁和去除羊膻味。

胡椒薄荷具有独特的香味和清凉的薄荷味，有糖果的甜香，用于烘焙，常常和油一样使用，或泡茶。

苹果薄荷，叶斑驳有茸毛，散发着淡淡的青苹果香味和薄荷味。

月桂叶

月桂树的叶子，也叫甜月桂和月桂。新鲜的叶子辛辣芳香。用途很广，常用于给多种菜品调味以及制作牛奶布丁。

香蜂草/柠檬香蜂草

一种草本植物，叶片有强烈的柠檬香味和柠檬薄荷味。用于水果和绿色沙拉、汤、酱汁、家禽和鱼类，以及各种饮料。

独活草

一种伞形科草本植物，有强烈的类似芹菜的风味和发酵的味道。虽然目前主要用于制作调味汤。在过去，其空心茎可以和当归一样制成蜜饯。

香菜

一种具有独特香味的芳香草本植物。新鲜的嫩叶适合重口味的菜肴，根部磨碎可以用于制作咖喱。香菜也被称为芫荽和中国荷兰芹或日本荷兰芹。

越南薄荷

一种蓼属草本植物，并非薄荷，有很强的辛辣味。新鲜的薄荷使用在叻沙料理、越南春卷以及沙拉中。也被称为叻沙叶、越南香菜、辣薄荷、柬埔寨薄荷以及越南芫荽。

酸模

叶子的形状类似菠菜叶，有酸味和柠檬味。介于蔬菜和香草之间，用于酱汁和汤的制作。嫩叶被切碎用于沙拉。它刺激的味道可以中和菜品的油腻。

蒜韭/韭菜

扁平立体的叶子，有轻微的蒜味，有时还会和可食用的花头一同出售。作为香草和蔬菜在亚洲很受欢迎。但是长时间的高温加热会破坏其风味。

小地榆

一种柔软的草本植物，有一种微妙的、清凉的、黄瓜般的香味和味道。最好生食，用于制作沙拉、冷汤、三明治和水果宾治酒。

香料包/烹调混合香料

混合香料一般有新鲜的香草束或干燥的香料包，在液态菜肴中烹调，以提升风味。通常以百里香、欧芹和月桂叶组合搭配；有时也会加入其他的香草或调味料，如芹菜或韭菜。将香料绑在一起，或者裹在细布里，或者打包在茶叶袋里放入汤中调味，在烹饪结束时取出即可。

普罗旺斯香草

一种在法国普罗旺斯使用的干燥混合的传统香料组合。以迷迭香和百里香为主要风味，通常包括牛至、罗勒、夏香薄荷、薰衣草、月桂叶、鼠尾草和茴香籽。

柠檬草/香茅

一种热带亚洲草的下层叶茎。有柠檬的芳香，在鱼类料理和泰国咖喱中压碎使用。富含纤维，如果切片，应精细地横切，并只使用内层。

天竺葵

天竺葵属芳香植物，香味浓郁、叶片如天鹅绒一般。有许多种类，包括肉豆蔻、玫瑰（最受欢迎的）、苹果、柠檬和薄荷。新鲜的天竺葵，可以赋予糖浆、蛋奶酱、蛋糕和果冻香味。

薰衣草

英国薰衣草（狭叶薰衣草），浓郁芬芳。干燥后，可赋予蛋奶酱、奶油、醋和蜜饯一种花香风味。

当归

一种伞状花科香草，有强烈的麝香风味。厚实中空的茎干可用于制作蜜饯和蛋糕，其叶片，可增加酸味水果的甜味，也可增加利口酒风味。

柠檬马鞭草

叶片有强烈的柠檬香味，是一种阿洛伊西亚灌木。富含有黏性的柠檬醛挥发油（用于烘焙甜点，或剁碎用于亚洲烹饪）。赋予菜品柠檬的香味，但没有柠檬的酸味。

琉璃苣

星状的花朵属于琉璃苣天门冬属（通常是鲜艳的天蓝色，但有时是粉红色）。它有一种温和的黄瓜味道，可以撒在沙拉上，添加在饮料中，有时制成蜜饯装饰甜食。

紫罗兰

通常是深紫色的，芳香柔软的堇菜科春季花卉，也被称为甜紫罗兰。用于调味和装饰，做成沙拉生吃。浸在糖浆或奶油中，使其结晶化。

（盆栽）万寿菊

万寿菊亮黄色或橘黄色的花瓣和金盏花的花瓣很像。扯下花头、花瓣，新鲜的或干燥的，通过浸泡将食物染成黄色，并赋予食物少许的辛辣和苦味。这种略带辛辣的叶子也可以在沙拉和三明治中使用。

玫瑰

蔷薇属的花卉。花朵带有香气，其花瓣能被保存，制成蜜饯用来装饰，或者夹在三明治中生吃，使甜点带上香味。

旱金莲

旱金莲科的红、黄或橙红色的喇叭形花朵。带有一种温和的辛辣味，它们散乱地装饰在沙拉上，并起填充作用。叶子的味道类似于水芹。

菫菜属

三色菫的小紫色和黄色的花，也被称为三色菫、紫罗兰和花的丘比特。由于没有独特的气味和味道，新鲜的三色菫常用于装饰。

接骨木花

接骨木属的长在老树上的奶油白色花簇。花含有少量有毒的生物碱，有一种使人难受的香气。煮熟后能安全地赋予炖煮的水果一种麝香葡萄的风味，特别是在醋栗和糖浆中。

韭花

韭菜的淡紫色球型花头（见55页）。用于装饰，配上切细的洋葱，直接撒在开胃沙拉中。

粉红色康乃馨/香石竹

康乃馨花，石竹类植物。甜美，丁香般的香气通常上被用来给糖浆、蜜饯、醋调味。同时也用于装饰沙拉，给利口酒和汤调味。

香料

多香果（整个）

这是一种干燥的煮熟的未成熟的热带多香果，属浆果，也被称为牙买加胡椒和西班牙甘椒。一种腌制用香料。

多香果（磨碎的）

磨碎的多香果果实。用于蛋糕和水果派的制作，它的味道类似于丁香、胡椒、肉豆蔻和肉桂的混合物。

茴香/八角茴香

茴芹属茴香的种子。有甜甜的甘草味，赋予糕点、糖果以及烘焙食物以风味，适合与海鲜菜肴搭配使用。

阿魏

一种有臭味的干性树脂胶，煮熟后变成洋葱味。少量使用能给印度的豆类和咖喱增添风味。

葛缕子籽

像种子一样对半分开，是葛缕子的干果。其辛辣的薄荷味、坚果味、茴香味，赋予面包、奶酪、卷心菜和肉类以风味。

（绿色）小豆蔻

干豆荚的芳香的种子，带有一种温热辛辣的桉树味道，赋予咖喱、糕点和糖果以风味。

桂皮

热带月桂树的干树皮。与肉桂相似，它更具香气和刺激性，带有苦味。

卡宴辣椒

这是一种非常辛辣的辣椒，由各种各样辣椒种子研磨而成。它被用在少量的食物中，可以增加菜肴的风味。

芹菜籽

小而干燥的、未成熟的或是野生芹菜的种子。芹菜味和苦味明显，应少量使用。

辣椒片

碾碎的干辣椒，有很多种子。由于是干燥的，辣味与风味因辣椒品种而有所不同。

肉桂（管状/棒状）

这是一种热带的月桂树的薄皮，卷成多层的圆柱体，风干。味道可以融入液体中。

肉桂（磨碎的）

研磨得非常细的肉桂皮。带有精致的甜味和温和的木香，常用于烘焙、果盘和开胃菜。

丁香

一种干的热带桃金娘科植物树的花蕾。芳香辛辣，有苦味和胡椒味，丁香应该少量使用。

香菜籽

干的成熟的香菜果实。气味柔和芳香，甜并带有橙皮的味道，可以平衡其他香料的味道。

孜然籽

孜然的果实。独特温和的朴实芳香，多用于印度菜和中东菜。

咖喱叶

柑橘树的叶子，它们略带辛辣的柑橘香味，可以给咖喱增添风味。

咖喱粉

一种混合香料，包括香菜、孜然、芥末籽、黑胡椒、辣椒、茴香和姜黄。

莳萝籽

莳萝成熟的干燥果实。味道辛辣，带有鲜明的茴香味，给腌菜、鱼、土豆和面包增添风味。

茴香籽

芳香，有茴香般的温热口感，但没有那么甜，它们用来给鱼、意大利香肠和印度咖喱调味。

葫芦巴

淡淡的芹菜味，在烤制后其尖锐的苦味会突显出来。

山奈

姜科植物，有姜和胡椒混合物的风味，芳香辛辣。

姜（磨碎的）

把干姜的茎磨碎。有一种温暖的甜味和柠檬味，辣味从微辣到辛辣不等。

杜松子

这是一种柔软、成熟的杜松子灌木的果实。压碎后，芳香的松子/松节油似的味道很好地衬托油腻的野味。

甘草/甘草根

甘草的根和根茎。非常甜，有微微的苦味和茴香味，用于糖果糕点和亚洲的高汤制作。

肉豆蔻衣

包裹在肉豆蔻外的干种皮的叶片。
与坚果的味道相似，但更细腻，它
能给海鲜和肉类菜肴增添风味。

芥菜籽

三种芸薹属植物的干燥后的种子。
炒熟后煎炸，有坚果风味。压碎后，
与液体接触会产生挥发性的辣味。

肉豆蔻（整个）

热带肉豆蔻树的种子的干核。由于
其味道和香气会迅速消失，最好趁
新鲜时磨碎。

肉豆蔻（磨碎的）

精细研磨后的肉豆蔻种子。强劲而
温辣的芳香气味，味甜，用于给蛋
糕、奶制菜肴和一些蔬菜增添风味。

红椒粉

由烹熟的干燥辣椒磨碎制成的红色
粉末。从甜到辣都有，能带来一种
柔和的口感和颜色。

黑胡椒粒

胡椒藤上整粒的生果实，经过发酵
后，直到表皮氧化为黑色。

黑胡椒（磨碎的）

磨碎的黑色胡椒。当新鲜磨碎时，
其温暖的香气、浓郁的辛辣味道和
挥之不去的辣度使食物充满活力。

白胡椒（磨碎的）

去皮磨碎的干燥的半成熟的胡椒。
它的香气较淡，但是比黑胡椒更辣。

绿胡椒

未成熟的黑胡椒果实放入盐水中浸
泡或者烫熟，然后干燥。新鲜时，
味道火辣，但是没有其他胡椒辛辣。

粉胡椒

一种伪胡椒，是一种巴西胡椒树成熟
的浆果，腌渍或晒干。压碎的种子有
一种涩涩的味道，几乎没有辣味。

腌渍香料

一种用于腌渍的混合香料。传统上，
它包括多香果、芥末、香菜子、黑
胡椒、丁香、肉豆蔻衣和辣椒。

藏红花

番红花干燥的柱头。深红色的线状
物有一种渗透性的香气，味道辛辣
朴实，半甜半苦，并能使食物染上
金黄色。

黑种草
黑种草的种子（不是黑孜然或洋葱种子）。有坚果、胡椒、辛辣的味道，用于给蔬菜、豆类和面包，如印度烤饼等，增添风味。

花椒/四川胡椒
风干的花椒树果实，香气扑鼻，用于烹制高脂肪的肉，也被称为中国胡椒。

芝麻
奶油色至黑色的芝麻种子。没有任何香气，有温和的坚果风味，味甜并且脆度适中（见90页）。

八角茴香
一种东方木兰树的星形果实。辛香甜辣，像甘草，在中国料理中使用。

盐肤木叶的干燥粉末
一种粗糙、湿润的漆树的浆果粉末。果味浓郁，带有涩味，在中东料理中用作酸味的调味料。

酸角酱
一种从成熟的罗望子豆荚中提取的膏状物。酸性很强，在热带国家被用作酸味调料。

姜黄
姜科植物的根茎，沸煮，干燥后磨成粉。用来给食物染上黄色，味苦，有强烈的麝香风味。

使用香料

香料可以从其挥发油或精油中获得其特有的香味，因此可以通过研磨或粉碎香料来释放。

随着时间的推移，精油会蒸发，香料的香气和味道会消散。暴露在空气中会加速蒸发和氧化，因此整个香料的味道和香气会比粉末或磨碎的更持久。大多数香料应按需研磨。为了减少变质，香料最好储存在密闭容器中，阴凉，干燥，避免阳光直射。最好不要一次买太多的量。自行研磨香料可避免被掺假的可能性，尤其是昂贵的香料。

香草豆/豆荚
一种热带兰科的豆荚，里面有黑色的黏性种子。香味浓郁，有一种甜蜜浓郁的醇香。

山葵
山葵菜属的山葵的根须（日本的辣根）。它和水混合在一起，有像辣根一样的辛辣味。

扎塔调料粉
中东的一种混合香料，包含百里香、盐肤木叶粉、盐和烤芝麻，作为一种调味料使用。

杜卡

一种把烤坚果和香料混合在一起粗磨制成的埃及特色香料。各原料按比例混合，通常包括榛子或鹰嘴豆、芝麻、香菜、孜然籽、黑花椒和盐。通常将其浸入橄榄油配合面包来食用。有时也可以覆盖在肉类的外层，或者少量用作浇头。

五香粉

中国五香料磨细混合在一起：以花椒为主，加入桂皮、肉桂、丁香、茴香籽。这些基本香料，例如姜、甘草根、小豆蔻有时被添加进去用以补充香味。八角茴香占主导地位。茴香芬芳的香味扑鼻而来，它应该谨慎用于烤肉、家禽、卤汁中。味道和与富含脂肪的肉类，例如猪肉和鸭肉搭配良好。

印度综合香料

印度北部料理的一种混合香料。有很多制作配方，但基本都是丁香、肉桂、绿色或黑色小豆蔻、黑胡椒的混合物。有时也加入月桂叶、肉豆蔻衣、孜然和香菜。香料通常干烤，整个加入或磨碎它们，在烹饪开始或结束时把它们添加进去。温暖芳香，主要用于肉类菜品，或者在较小程度上用于搭配禽肉或米。

北非辣椒酱

一种摩洛哥的香料和新鲜香草制成的酱。有不同的组合和不同比例的巴氏蒜、孜然、新鲜芫荽（香菜）或欧芹，以油、柠檬汁或醋制成的基底。有时还加入辣椒粉、姜黄和辣椒。味道热辣，主要用作鱼的腌泡汁。

岩盐

从地下沉积物中开采的盐（氯化钠）。坚硬的水晶块（透明、白色或粉红色）必须被磨碎来使用。它的味道和颜色来自于各种来源不同的杂质。

食盐

食盐是一种去掉了大部分杂质的细粒盐，因此味道简单，主要用于烹饪和作为餐桌调料。它通常含有抗结块剂，有时还会添加碘。

海盐

通过蒸发海水获得的盐（氯化钠），也可以通过天然或人工方法获得。由片状或晶体组成的，其颜色和味道与天然矿物质、杂质不同。

盐片

干海盐晶体的扁平薄片，从蒸锅底部的底部耙出。柔软而脆弱，手指揉搓容易破碎，它们巨大的表面积可以轻易附着在食物上。

海藻调味盐

海盐晶体粉末和干海藻的混合物。它含矿物质，其中包括碘。海藻增添了盐的营养成分，并使海洋风味更加浓郁。

盐花

盐花是一种纯净的纯白色晶体，通过刮一遍自然蒸发的海盐来获得，并因为是从池底的底物中获得的，所以不受污染，是非常珍贵的。

柠檬胡椒

一种辛辣芳香的混合物，含有黑胡椒碎、柠檬皮或者柠檬屑，散发出柑橘类芳香油的味道，最后把它们晒干并研磨碎。

香芹盐

香芹盐是一种盐和芹菜种子粉末的混合物。它通常带着咸味和芹菜味，被用作佐料和调味品，与鸡蛋、蔬菜和肉类菜肴搭配会相得益彰。

盐的科学

盐提高了水沸腾的温度。当烹调蔬菜的水加盐后，就无法溶解蔬菜中的天然矿物质盐。干盐可以通过渗透作用从肉类和蔬菜中提取水分；因此，在烹调前先用盐腌制的肉类会失去其汁液。在酸汁中撒些盐水或在腌渍之前撒盐可去除多余的水分，否则会稀释酸味。

油脂

特级初榨橄榄油

初榨橄榄油，具有无瑕的香气和风味，每100克的酸度不超过0.8克。特级初榨橄榄油是顶级的橄榄油，既是一种烹调的媒介，也是一种调味料。

初榨橄榄油

初榨橄榄油是通过除去橄榄树果实的天然汁液，仅通过这种物理条件获得，尤其是温度，不会引起油的改变。被归为"纯净"或"上等"的橄榄油，有无瑕的香味和味道，自由酸度不超过2%。

橄榄油

橄榄油是由精制橄榄油和初榨橄榄油混合而成的，有时被称为纯橄榄油。它的酸度不超过1%，是用于烹饪的最好的橄榄油。

菜籽油

从油菜植物种子中提取出来的油，芥酸含量低。主要是单不饱和脂肪酸，无刺激性、无气味，它适合烹饪或作为沙拉用油。菜籽油也叫"油菜油"。

葵花籽油

从向日葵植物的种子中提取出来的油。富含多元不饱和脂肪，具有中性风味和淡金色色泽，可用于烹饪，也可作为沙拉用油。

植物油

从植物的种子或果实中提取出来的油，或者混合油。它的属性、风味和颜色因其来源而异，通常是雅致而无味的。一般来说，它适合烹饪或充当沙拉用油。

花生油/落花生油

花生油的脂肪酸主要是单不饱和脂肪酸，如果是压榨的，就会有一种独特的花生味；如果是精制的，则平淡无味。它是一种沙拉油，有很高的烟点，很适合用于油炸。

芝麻油

通过榨出芝麻籽中的油脂来获得：冷榨的生籽油会带有轻微的坚果味。烤制过的芝麻会产生一种带有强烈坚果味的暗琥珀色香油，这种油也被称为"芝麻油"，在亚洲烹饪的最后被用来突出味道。烟点高，用作烹调媒介。

葡萄籽油

这种油是从葡萄的种子中提炼出来的，是酿酒的副产品。这些种子有煮熟的、研磨过的或者有溶剂的，一般来说是精炼的。平淡，有相对较高的烟点，用来炒菜很好，也可以用作沙拉用油。

油菜橄榄油

一种以橄榄油起主要作用的、与菜籽油按不同比例混合的油。可以使菜籽油味道带有微妙温和的橄榄油风味，但更便宜。这是一种经济手段，能在烹饪菜肴中增添橄榄油的味道。

橄榄油术语

橄榄油等级：国际橄榄油理事会指定了三种适合人类消费的油：特级初榨橄榄油、初榨橄榄油和普通初榨橄榄油。

初榨：第一次压榨果实、坚果或种子，第一次产生油，几乎没有热量，也没有化学物质。以此获得的油保留了它的天然风味，除非经过过滤。传统的、效率低的榨油机不会在第一次压榨时提取所有的油，从而产生一种质量较差的油，然后再用溶剂萃取出更多的油。

冷榨：低于28℃榨取的油。由于温度对油有不利的影响，会改变其风味并加速其分解，不受高温影响的油能保持其天然的健康特性和风味。

核桃油

从核桃果仁中榨取的油。有核桃的香气和味道，如果坚果在提取之前被烘烤，它就会被用作烘烤食品的调料以及制作调味料。

鳄梨油

从鳄梨的果肉中提取的油。绿色，有一种微妙的黄油味。它和橄榄油一样，烟点高，非常适合烹饪。

榛子油

从榛子的内核中榨取。一般由烤制过的榛子制成，深棕色，带有独特的香味和浓郁的榛子味。它用于调味料和烘焙食品的制作。

澳洲坚果油

从澳洲坚果的内核中榨取的油。浅金色，带有一种细腻的坚果味和黄油味，用于调料和烘焙食品，烟点高，适合油炸。

摩洛哥坚果油

这种油是从摩洛哥南部的阿根树果实中提取出来的。它是一种带有丰富的坚果和水果味并带着淡红色的金色的油，用于烹饪、调味和点缀。

芥末籽油

从各种芥菜籽的种子中榨取。坚果味、轻微的芥末味只有在其籽粕也包含其中时才会显现其辛辣味，它是一种有效的防腐剂，用于腌菜和烹饪（只有低芥酸的籽油才会被食用）。

南瓜籽油

从南瓜籽中榨取的油。深褐中透绿，有坚果的香味和南瓜籽的味道，如果南瓜籽在压榨前烤制，味道会增强。用于调料和点缀，烟点较低，不用于烹调。

大豆油

从大豆种子中提取的油。淡黄色，淡而无味。它有很高的烟点，用于烹饪或作为沙拉用油。

胡桃油

油从成熟的胡桃果仁中压榨而出。有一种独特的胡桃果仁的气味和味道，如果在压榨前进行烤制味道会增强，这是一种传统的烹饪用油，现在主要用来做沙拉。

辣椒油

一种浸有红辣椒的清淡植物油或橄榄油。热辣刺激，用量通常很少。主要用于突出香气和作为调味品，而不是一种烹调油。

杏仁油

从杏干的干核中榨取的油。金色，带有温和的坚果味，它被用作沙拉油。在烘焙食品中，作为一种烹饪用油，有很高的烟点。

大蒜香草油

浸泡过大蒜和新鲜香草的蔬菜油或橄榄油。用于赋予菜品特殊的风味，根据基本油的特点进行烹调，也可作为点缀的调味品。

柠檬油

柠檬的黄皮或柠檬皮榨取的精油，有强烈的柠檬香味和味道。作为一种调味料，用量很少。它有时作为调味品与植物油混合。

油的存储和使用

　　和所有脂肪一样，油脂随着时间的推移而劣化。暴露在空气中会氧化并变得腐臭。这个过程是由光、热和金属离子加速的。因此，应该使用新鲜的萃取物，密封储存，远离光线，存放在无电抗的容器中，远离热源。未经过滤的油，比过滤后的油更容易氧化。储存在低温下的油可能会凝固。回温后，会重新液化。

　　油脂的烟点是它分解并释放烟雾的温度。通常来说，植物油的烟点比动物油低。纯油脂比含有其他物质的油脂的烟点高。

非乳类脂肪和涂抹酱

葵花籽油人造黄油（桶状）

葵花籽油人造黄油（块状）

人造黄油

人造黄油，以前在美国被称为人造黄油或人造奶油，是黄油的替代品，现在由各种植物油制成。经过一系列复杂的过程后，油被净化、氢化，添加维生素A与维生素D。染色和乳化水阶段，通常加入脱脂牛奶，有时添加双乙酰、盐和防腐剂。

像黄油一样，它由80%的脂肪和20%的水与固体组成，硬块或棒状人造黄油含有更多的氢化物（人工饱和与硬化），它的液态油含量比软桶奶油少。硬质人造奶油可以像黄油一样被用于烹饪。而软质人造黄油一般用于涂抹，不合适作为烹饪用油或用以烘焙。

菜籽油人造黄油

橄榄油人造黄油

大豆油人造黄油

一种软质人造黄油，主要由大豆油/豆油制成。由于含有高比例的液体油，低温的时候，易于涂抹。可用作黄油的替代品，但不适合烹饪或烘焙。

牛油

围绕着牛的肾脏、腰部和臀部的白色脂肪。被切成小块，用于某些英式蒸布丁、油酥点心、填馅食品和甜馅。烟点为180℃，可以用来煎炸。

猪油

提取和澄清后的猪肉脂肪。从肾脏和腰的周围提取的板油是最好的。呈白色，无味，它是一种防腐剂和涂抹油，也是一种用来做糕点的保鲜剂。烟点相对较高，为205℃，可作为烹饪用油。

鸡油

提取和过滤后的鸡肉脂肪，或偶尔指很少的鹅脂肪。通常用洋葱调味，在犹太料理中作为一种烹饪用油和涂抹油使用，与黄油相似。

高汤及咸味料

高汤块/高汤粉

浓缩固体汤料是高度浓缩的高汤固体提取物，压缩成潮湿的立方体并密封。原料粉和颗粒由脱水的原料制成，可溶解于沸水中，有鸡肉、牛肉、鱼、蔬菜和蘑菇口味。通常都含有很高比例的盐，有时也含有增味剂，包括味精。风味逊于液体高汤。

新鲜高汤

新鲜高汤，也称清汤，是一种由肉类、家禽、野味、鱼或芳香蔬菜和其他调味料用水煮制而成的液体调味料。骨头和肉都会使用。

白色高汤是将原料直接放入水中煮制而成；褐色高汤，通常由煎或烘烤成褐色的原料制成，其中的糖转化为焦糖。为了最大限度地提取精华，煮制的过程是漫长的，除非是制作鱼高汤，鱼汤大约在30分钟后变苦。撇去油脂，优质的高汤是清澈的。浓缩后，就会变得浓稠，被称为冻。

尽管任何浓缩固体高汤都可能是褐色的，但一般来说，白色的基础汤是由白肉禽类、鱼和蔬菜制成的，而褐色浓缩固体汤料则是用红肉做的。一般来说，蔬菜是胡萝卜、洋葱或韭菜、芹菜，调味料是欧芹、百里香、月桂叶和整粒黑胡椒。贝类基础汤是从甲壳类和软体动物的壳中得到特殊的味道和颜色。

新鲜的高汤被用作汤和基础调味料，所以通常不加盐。然而，商业制造的浓缩固体汤料及其衍生品差异很大，可能含有盐。

白色的浓缩固体汤料比褐色汤料更精致。在褐色基础汤中，牛肉使用广泛。小牛肉的骨头可制作一种特别优质的高汤，被做成冻状物，非常受欢迎。鱼、野味、羊肉、猪肉和火腿都有特定的味道，所以一般只在含有相同口味的菜肴中使用。

原汁是一个法国术语，意思是浓缩的汤汁，特别用于蔬菜和调味料制成的鱼汤，如法国香草束和黑胡椒，通常用柠檬汁、白葡萄酒或醋来调酸。它主要用于海鲜，尤其是鱼类。

肉冻是一种透明的开胃菜，澄清后放置，有时借助明胶，这取决于冷肉、鱼、禽和蛋类等配料何时放入。

日式高汤

速溶日式高汤是由干鲣鱼（金枪鱼）和昆布（海带）制成的日式高汤。在水中炖煮，然后脱水制成粉末。

鱼露

这种辛辣刺激的咸味液体由咸鱼发酵而成，用作调味料和调味品。在泰国被称为鱼酱，在越南被称为水蘸汁。

维吉米特黑酱

由蔬菜调味以及啤酒酵母发酵制成的一种黑膏。有强烈的风味和咸味，通常搭配面包食用，在面包上薄薄地抹一层食用。

马麦酱

从啤酒酵母中提取的一种无肉酱料。有强烈的风味和咸味，通常搭配面包食用，在面包上薄薄地抹一层食用。

保卫尔牛肉汁

原本是一种浓缩的牛肉萃取物，现在使用酵母提取物制成。作为一种基础汤或调味料，或者被搅入热水中，作为一种饮料。

味噌

味噌是一种味道浓郁的发酵豆酱。煮熟的大豆与一种发酵剂（通常是大米，但也偶尔会使用黑麦），盐和水混合在一起，熟化时间为6个月至3年。发酵过的豆子依旧完好，在使用前磨碎。

味噌的颜色从白色（实际上是淡黄色）到深琥珀色。其厚度和咸味都不同：较淡的更温和、发酵更迅速；深色的更成熟、更结实。可以全部溶解在热水或高汤中。

味噌在日本很常用，用于制汤和慢炖的汤菜，也用来做沙拉，调味酱和腌菜。

醋和其他酸味剂

麦芽醋

由未加酒花的啤酒、大麦麦芽制成的醋。棕色，通常因为焦糖而变深。带着一种粗糙的麦芽味道，主要用于腌渍。也是传统的醋，用来搭配炸鱼和炸土豆条。

白醋

通过过滤或蒸馏脱色的麦芽醋，是一种非常强烈的"烈醋"。清澈、无色、口感刺激，出于美观要求通常用于腌渍。

意大利黑醋

意大利艾米利亚-罗马涅生产的传统香醋，必须用葡萄，文火慢煮使其发酵醋化。然后，至少经过12年时间，逐步通过一连串大小递减的桶进行陈酿。深褐色并有黏性，带有木材和葡萄的香气，又甜又酸，用作调味品。

工业黑醋由"半香醋"或红葡萄酒醋，上色，加焦糖增香制成。

标签上，传统的香醋是用"传统的"和"D.O.C"的术语以及生产商和"Conzorzie"的标志来区分的。用铅或蜡密封。

醋

树莓醋

通常是在白葡萄酒或苹果酒中加入新鲜的树莓，压紧，加糖发酵制成。传统上，被稀释为一种提神饮料，也被用作其他调味醋。

醋

醋是一种酸性液体，当含酒精的液体暴露在空气中，就会产生一种酸的液体：有氧环境下，细菌将酒精氧化为醋酸。这个过程通常是由添加发酵剂控制的，其中包括一种被称为醋母的理想菌的浮渣。

醋的风味变化取决于其基础液体的性质、质量以及醋化的方法。通常，醋含有4%~6%的醋酸，但浓度可以通过蒸馏而提高。

龙蒿醋

通常是在葡萄酒或苹果酒中加入新鲜的龙蒿制成。是最受欢迎的一种香草香醋，通常被用在蛋黄酱中。

苹果醋

由发酵的苹果酒制成的醋。比酒醋更温和，有苹果汁的果味，因其传言中的保健功能被消费。同时也被用来溶解锅底残留肉粒，制作炖鱼汤以及为沙拉的调味。

红葡萄酒醋

用红葡萄酒制成的醋。最好的红葡萄酒醋是由缓慢的奥尔兰加工工序制成的。由于酒的味道很明显，所以其细微差别取决于基础酒，特别在酒醋里，用来腌制和溶解锅底残留肉粒的肉类菜肴。

白葡萄酒醋

白葡萄酒制成的醋。最好的白葡萄酒醋是由缓慢、耗时长的奥尔兰加工工序制成的。用于酱料制作，如蛋黄酱、白葡萄酒和荷兰酱。也用来制作炖鱼汤，溶解锅底残留肉粒，作为腌料以及制作芳香醋。

醋

日本米醋

这种醋是由发酵的米制成的。颜色金色，醋味温和，带有一定的甜度。用于增加甜味，用于寿司米饭和给沙拉调味。

中国米醋

由发酵的大米制成。通常比麦芽和酒醋更温和、更甜，有三种主要的品种：黑醋，有一种复杂的米味；红醋，温味道和，稍甜；白醋，温和而甜。

柠檬汁

柠檬挤出的果汁。高酸性，被用作一种酸味剂，用于给果酱和果冻的果胶调味和增强味道，并减缓酶的褐变。作为醋在酱汁中食用，有一种很微妙的味道。

青柠汁

从青柠中挤出的果汁。其酸性（比柠檬多1.5倍的酸性）在热带地区被用来作为一种酸味剂，用来调味和提升菜肴味道，并用于饮品中。

其他酸味剂

酸果汁/酸汁

用不成熟的水果做成的液体，比如蟹苹果，如今主要使用葡萄。用一种温和的柠檬酸味用来代替柠檬汁或醋。

味酥

由大米发酵酿造而成的一种类似米酒的调味料，它被用于腌制、嫩化和增加风味。味酥能有效去除食物的腥味。

调味品和酱料

伍斯特（郡）酱

一种专用的瓶装酱，由香料醋制成，经过熟化，精确的配方是保密的。质地稀薄，高度浓缩且辛辣，在世界范围内，作为一种调料和调味料使用。

番茄酱

一种浓稠的番茄酱，用番茄、糖、醋、盐和香料煮制而成。既是一种调味品，也是一种配料。

生抽

一种由大豆、小麦和盐发酵制成的酱汁。"生抽"的质地更薄、更咸、更淡。在中国和日本的烹饪中，当不需要改变颜色的时候，作为一种咸且味道强烈的调味品和原料使用。

老抽

一种由豆、小麦和盐发酵制成的酱汁，加入糖或糖浆。酿造的时间越长，老抽的颜色越浓、越甜、颜色越深，作为一种咸味扑鼻的调料或配料，给食物上色时使用。

薄荷酱

用沸水煮过的绿薄荷叶、醋和糖调味制成的稀薄酱汁，是传统的烤羊肉配菜。

苹果酱

一种煮熟的苹果果酱，质地从光滑到厚实，加糖或不加糖皆可，有时还加入香料。是传统烤猪肉的配料，也用于甜点制作。

蔓越莓酱

一种凝胶状的调味品，由富含果胶的蔓越莓加糖在水中炖煮制成，有时会加入压碎的或整个的浆果。是美国传统烤火鸡的配料。

红椒酱

一种由红辣椒或辣椒制成的酱料，通常是先烤或炭烤红椒作为主要原料。质地顺滑，用于意大利面调味，也用来搭配鱼、肉和蔬菜。

墨西哥辣酱

墨西哥辣椒是酱汁最主要的原料。口感顺滑，口味甜辣，用作调味品，它是一种辛辣的、增加风味的原料。

塔塔酱

一种蛋黄酱，加入切碎的水瓜柳、小黄瓜、洋葱或青葱、香草，有时加入煮熟的蛋黄。冷食，传统搭配炸鱼食用。

烧烤酱

传统上由番茄、洋葱、大蒜、红糖、醋和芥末制成，有时加入其他辛辣的调味料。既可以用来涂抹在肉上用来烧烤，也可以用来搭配烤肉食用。

辣椒酱

一种酱汁，从甜的、轻微的辛辣到辛辣都有。辣椒是其常见的配料，有的只含有辣椒、醋和盐，有的还有姜、大蒜、糖和香料。

亚洲酱料

日式照烧酱

由老抽、清酒、味醂和糖制成的日本混合
酱料，用于鱼、肉或家禽在烧烤或煎炸的
最后阶段调味，可以增加甜味和光泽。

豆豉酱

由发酵的咸大豆经冲洗、捣碎，和大蒜、
油混合而成的酱料，质地从顺滑到有颗
粒感，质感不一。含有酱油、高汤、米
酒、姜和糖，用于给各种各样的中国蒸
炒菜肴增添风味。

甜面酱

一种由干豆制成的甜酱，红色来自红豆。
是一种很受欢迎的亚洲甜点原料。黑色，
来源于发酵的大豆，经多种调料调味，
在中国料理用于腌渍，也作为一种调
味品。

沙爹酱

一种厚重的辣椒酱，以粗磨碎的花生为
基础，配以小块的肉或腌肉，涂抹在烤
串和烤盘上。作为印尼沙拉的调味料。

酸梅酱

一种浓厚的中国调味品，主要成分是咸
李子、杏子、米醋、辣椒、糖和香料。
口味酸甜，经常搭配烤鸭和烤猪肉。

糖醋酱

一种中国酱汁，混合了甜酸的配料。商
业制酱通常含有糖、醋、红色素和增稠
剂。用于蘸酱和烹饪，给油腻的肉类、
鱼类和蔬菜增添风味。

蚝油

一种由生蚝和盐水制成的中国酱汁，使用焦糖增色，玉米粉增稠。通常作为一种最后放的调味料，使肉和蔬菜的咸、甜、肉味增强。

海鲜酱

一种混合了发酵的大豆、大蒜、盐、糖制成中国酱汁，通常还有小麦面粉、醋和香料。口味丰富，有点甜且刺鼻，作为一种调味料，是烤肉的蘸料，通常搭配北京烤鸭。

甜酱油

一种浓稠的印尼黑酱油，用棕榈糖增加甜味。黏、甜，口味丰富，有麦芽味，略带咸味。搭配肉、家禽和海鲜食用，并能给食物上色，带有一股甜味以及焦糖味。

亚洲的调料

日式柚子醋　一种由酱油、柠檬汁或米酒醋、清酒或米酒、干鲣鱼片和昆布制成的日本酱汁。

红番辣椒酱　一种泰国酱汁，味道辣、咸、微酸、微甜。最基本的用料是虾酱、大蒜、辣椒、盐、柠檬汁、糖，也许会加鱼露（鱼子酱）。

水蘸汁　一种越南酱汁，由鱼酱、红辣椒、大蒜、糖、酸橙汁、醋和水混合制成。

日式芝麻酱　一种日本酱汁，由磨碎的烤芝麻、酱油、味酥、糖和日式高汤制成。

芥末

芥末粉

一种英国的亮黄色粉末，现代加工方法是将白芥菜籽干燥、磨碎并过筛去壳，混合姜黄和麦粉。去皮，同姜黄和小麦粉混合在一起。与冷水混合，静置10分钟。有着刺激的、爽快的、辛辣的味道，是经典的英式配料，用于搭配烤牛肉、火腿或香肠，并被用作烹饪香料。

芥末酱

德国芥末酱，通常是用棕色芥末籽制成，用料包括了棕色芥末籽外壳、酒醋、糖，经常用香草调味。所配的食物相对颜色较深、口感顺滑，是德国香肠的标准调味料。

第戎芥末

一种用规定方式制成的浅黄色的法国芥末酱，通常在第戎的勃艮第附近制作。棕色或黑色芥末籽，在酸葡萄汁、葡萄酒或醋中浸泡后，捣碎，去除籽皮，与盐、香料、水（可能加入二氧化硫）混合在一起。味道辛辣刺激、清爽，因其适度的辛辣，用作调味品以及制作酱汁。

波尔多芥末

一种在波尔多发明的棕色法国芥末酱。棕色的芥末籽浸泡在酒醋里，和种衣一起磨碎，并与糖和香草混合，通常是由龙蒿制成。口感柔顺温和，略带酸味。适合搭配熟食和香肠食用。

英式芥末

英式芥末酱，颜色呈黄色，质地光滑，有典型
的刺激、火辣、爽口的感觉。是经典的英国配
料，搭配烤牛肉、香肠和火腿食用。

美式芥末

美式芥末酱，用白芥末籽和黄色的黄姜粉制
成。质地顺滑，味道一般都很温和，通常配热
狗食用。

整粒芥末酱

一种芥末酱，其芥末籽已经被部分或粗糙地压
碎了。带有典型斑点状的外观，质感厚脆，带
有坚果风味。有不同的品种；法国的moutarde
de Meaux也被称为"moutarde à l'ancienne"，
是一个历史悠久的配方。

大蒜和红辣椒芥末

一种芥末酱，用大蒜和红辣椒芥末酱调味，有
不同的质地和味道。添加了一系列的调味料，
其中包括像龙蒿这样的香草以及作为甜味剂的
蜂蜜，还有辣椒、花椒和辣根等其他的辣味
元素。

印度和泰国调味酱

辣根酱

将辣根磨碎制成，有时保存在醋中，有时保存在油中。作为一种辛辣调味品拌进奶油或蛋料中，配牛肉或鱼。烹调后就会失去辣味。

蛋黄酱

一种由蛋黄、油、柠檬汁或醋、胡椒和芥末混合成的乳液。通常冷食，用作涂抹料、调料。其本身就是一种酱料，也是许多其他调味料的基础酱。

山葵酱

日本山葵，又称日本辣根，将其根茎磨碎制成的糊状物。带有辛辣的山葵味，可以作为调味品，配寿司和生鱼片食用。

参巴蒜蓉辣椒酱

由捣碎的辣椒（通常去籽）、盐、醋或罗望子制成的一种东南亚调味品。其味道强烈，应该适量使用。

凤尾鱼酱/鳀鱼酱

一种主要由捣碎的凤尾鱼鱼片做成的糊状物，通常与醋、香料和水混合。辛辣咸腥，被用作涂抹料和调味剂。

橄榄酱

普罗旺斯酱料，由黑橄榄、水瓜柳、沙丁鱼和金枪鱼制成，有时用橄榄油、青柠汁、白兰地和芳香植物调味。味道强烈而辛辣，作为一种涂抹料和蔬菜沙拉的蘸料使用。

番茄干酱

主要由日晒番茄干（或人工干燥），加入油，有时添加糖、盐、醋和香草制成的酱料。因其具有强烈的番茄味，所以用于给酱汁增味。

意式青酱

一种浓稠的未煮熟的酱料，多见于热那亚地区，传统由捣碎的新鲜罗勒叶、大蒜、松子、磨碎的帕尔玛干酪或佩科里诺干酪和盐制成。搭配意大利面或汤团或蔬菜通心粉汤食用。

提卡咖喱酱

一种商用的酱料，基础调料通常包括芫荽籽、孜然、姜、辣椒、大蒜、辣椒、盐和油，用柠檬汁、罗望子或醋来调味。通常将肉放在这种酱料中腌制，然后煮熟。

巴蒂咖喱酱

一种常见并有广泛用途的酱料，有着淡淡咖喱香气的调味料，放在刚煮好的锅子菜或者巴尔蒂锅菜中。

科玛咖喱酱

一种常见的辛辣酱，用于焖咖喱菜，通常包括磨碎的坚果和磨碎的芫荽、孜然芹、姜黄、姜、肉桂和豆蔻。

唐杜里酱

一种常见的酱汁，用来腌制肉类或用在印度泥炉（土炉）烤肉的外皮上。其中的香料通常包括生姜、辣椒、大蒜、小茴香、郁金、芫荽籽、豆蔻、胡椒、肉桂。

泰式青咖喱酱

一种纯绿色的酱料，采用新鲜青辣椒、姜、柠檬草、香菜、柠檬、葱、蒜、虾酱、香菜、小茴香籽、盐和胡椒制成。口味又辣又咸，它是用椰子奶油油炸而成的泰国最经典的咖喱。

泰式红咖喱酱

采用鲜红的干辣椒、大蒜、青葱、柠檬草、山柰、虾酱、盐、香菜根、种子、小茴香、柠檬和胡椒，将它们混合在一起。它适用于泰式红咖喱，通常是用在油炸和椰壳基当中。

哈里萨辣酱

将突尼斯干红辣椒捣碎，和蒜泥、盐、香菜、香菜种子和橄榄油浸泡在一起，呈糊状，有时加入茴香和薄荷。它适合用来拌饭或者用来烤肉。

虾膏

一种香味浓郁、质地厚重的糊状物，由腌过的虾制成，发酵后晒干。味道辛辣、咸，是东南亚烹饪的一个基本原料，可以用来生食，或者烘焙时使用，以增添风味。经常在菜肴中使用。

芝麻酱

富含油脂的乳状物或糊状物，通常是用烤过的芝麻仁制成。可以直接使用或烹制后使用，用于中东料理，咸味菜肴，如鹰嘴豆泥，还可用于做酱汁，和制作像哈尔瓦一样的糕点。

两种中东调味料

塔比勒　一种浓烈的突尼斯调料，使用新鲜的芫荽或芫荽子、葛缕子、大蒜、红辣椒和辣椒，研磨或捣碎制成。

石榴糖浆　由石榴果汁浓缩制成的浓稠的深宝石红色的糖浆。具有丰富而浓烈的浆果风味，多用于中东料理，主要用于禽类菜肴中。

泡菜、酸辣酱和印度式腌菜

腌杧果

一种味道浓烈甜美的英式杧果调味品，将杧果切碎，加入芥末籽、黑胡椒、盐、多香果和姜，在白醋中腌制而成。

腌柠檬

一种酸的中东腌柠檬，将柠檬切片，用盐腌制，直至柔软，不再苦涩，层层叠放在罐子里，有时撒上辣椒，浸在油中。可以作为辅料搭配米饭、肉和鱼类食用。

英式泡菜酱

一种流行的英式调味品，独家秘方。浓厚，甜辣，气味浓郁，酱汁包裹着蔬菜块。通常搭配午餐肉和奶酪食用。

辣腌菜

一种混合蔬菜的芥末腌菜。英式辣腌菜类似于酸辣酱，呈浓厚不透明的酱汁状，有酸味，以白芥末和姜黄为主味。而美式辣腌菜则更甜。这两种，通常都包括花椰菜，口感都是爽脆的。

泡椒

选用各种颜色的灯笼椒和甜椒，通常去籽后切片，在盐水中浸泡，最后浸泡在醋中。酸甜可口，经常作为调味品与午餐肉一起食用。

腌甜辣椒/泡甜椒

南非泡菜，用一种小而圆的红辣椒，在醋、盐和糖的混合物中腌制而成。味甜，辛辣刺鼻，仍有一定的脆度，通常整个吃掉，或填馅，或切碎用于沙拉，经常与菲达奶酪搭配食用。

德国酸菜

将硬白菜切碎，干腌后发酵，乳酸使其能够保存较长时间。如果仍然生硬爽脆，需要进行焖煮，如果太酸则可以进行漂洗，通常与肉类熟食一起食用。

腌黄瓜

小黄瓜（详见52页）在盐水或醋中进行腌制，经常与莳萝（莳萝腌黄瓜）以及其他调味品混合。爽脆，外皮细嫩，内部紧实。通常作为冷食肉类和水煮菜肴的配菜。

腌姜

生姜根茎，用盐腌制，浸泡在甜醋中制成。日式腌姜由白米醋制成，通常薄切后和寿司、刺身一起食用。泰式腌姜由椰子醋和咖喱制成。

腌洋葱

小洋葱，去皮，干腌或在盐水腌制，然后浸泡在加香醋中。味道刺激，口感爽脆，非常受欢迎，通常与午餐肉和奶酪或炸鱼和薯条一起搭配食用。

腌核桃

整粒核桃，在成熟之前采摘，用盐水腌制，干燥至外壳完全变黑，然后加入香料以长时间保存，有时加入糖和醋。口感软嫩、口味酸辣，经常搭配肉类冷盘和奶酪一起食用。

腌刺山柑/水瓜柳

地中海刺山柑灌木的小花蕾，晒干，然后用盐醋腌制或者干腌。味道咸而微苦，作为酱汁调味，非常适合与海鲜搭配（刺山柑应冲洗后使用）。

腌大蒜

整粒去皮大蒜，通常漂洗以减少刺激性气味，然后用醋腌制，有时加糖或香料。一种爽脆带有坚果风味的调味品，也被用于泰式料理中来调味。

泡辣椒

新鲜红椒或青椒，在盐水和醋中进行腌制。根据辣椒和醋的种类，可能非常辛辣，因此应该谨慎使用。

甜辣酱

风味浓厚，制作非常简单，由红辣椒、棕榈糖、白醋、鱼露、盐制成。味道酸甜咸香可口，在泰式菜肴中作为蘸料，或用来制作酱汁和汤。

酸辣酱

含香料的酱汁，有时有甜味，果酱般的浓稠度，可以由新鲜的水果或干果、蔬菜制作而成，通常含有麦芽醋、糖、盐和辛辣的调味料。苹果、葡萄干、杏子、洋葱或番茄都是常用的配料。

杧果酸辣酱

产于印度的以杧果为基础的调味品，味道甜美，含香料。商业化的生产通常采用新鲜未成熟的杧果块加醋、糖、盐、蒜、姜、辣椒和香料煮制成果酱状质地。通常搭配咖喱、冷盘和奶酪一起食用。

番茄甜酸酱

番茄酱，味道甜美柔和，质地浓稠。有很多不同制作方法，需要将番茄去皮，通常使用成熟的绿番茄，然后加入糖、醋、盐和调味品，有时加入其他水果和葱。和奶酪、肉类一起搭配风味更佳，可以冷食或热食。

桃酱

桃子酱，香甜多汁，含有香料。使用新鲜的桃子，去皮、核，切碎，煮熟，加入醋、糖、盐、香料、生姜、丁香和辣椒混合制成果酱状质地。通常搭配奶酪和制作冷盘。

Mrs HS Ball南非酸辣酱

一种流行的南非水果调味酱，选用桃子、杏、糖、醋、盐和香料制成。用于搭配咖喱、冷盘和奶酪食用。

樱桃酱

一种浓厚的果酱，内含香料、去核酸黑樱桃，混合醋、糖、盐和香料烹制而成，味道酸甜，可用于搭配火腿、禽类、野味和奶酪。

印度腌酸橙

将酸橙一切为四，填以香料，例如胡椒、辣椒粉、印度综合香料粉、盐、糖，然后置于阳光下熟化而得的印度调味品。味道辛辣刺激，作为刺激味觉的调味品，是印度饮食的一部分。

印度腌杧果

印度油渍杧果，通常加入许多香料，非常辣。将未成熟的杧果切片腌制晒干，加入姜黄、葫芦巴、黑种草、芥末、茴香籽、辣椒等香料，再加入辣椒油制作而成。作为刺激味觉的调味品，是印度饮食的一部分。

印度腌嫩茄子

一种很辣的印度油渍嫩茄子。先盐腌去除茄子多余的汁液，再将茄子加香料炒制，通常包括芥末膏、生姜、芫荽、孜然、茴香、辣椒，加入醋和罗望子增香。作为刺激味觉的调味品，是印度饮食的一部分。

橄榄

黑橄榄

成熟的橄榄树果实，有时用盐水腌制，加香料调味，呈椭圆形，柔软，多油，带有相对成熟的风味，品种很多，大小形状不一，差别细微。

填馅橄榄

腌青橄榄，去核，填以辣椒、杏仁、水瓜柳、凤尾鱼或金枪鱼。质地紧实，刺激的味道与独特的填馅形成鲜明对比。通常切片，作为开胃菜以及装饰物。

青橄榄

未成熟的橄榄果实，其本身带有的苦苷经碱或盐水处理去除。然后用盐水腌制，有时加入香料。质地坚实，略带油脂，汁水味道刺激。

橄榄干

成熟的橄榄，盐腌后晒干，也可以直接晒干。它的外皮比较皱，有强烈的苦味，有时用干草药和/或干燥大蒜一起保存在油中。

甜味剂和调味品

甜味剂显然能给食物和饮料带来甜味，在自然中，甜味以多种形式出现，其中最明显的是糖。

作为一种简单的碳水化合物，糖有几种形式。在烹饪中，有三种糖很重要：右旋糖，通常被称为葡萄糖，是一种单糖类（单糖）物质，存在于植物和动物的血液中；果糖，也被称为左旋糖，也是一种单糖，存在于植物和蜂蜜中；蔗糖是一种双糖（二糖），由葡萄糖和果糖构成。蔗糖，即普通的白糖，几乎都是纯蔗糖，在烹饪中，"糖"通常指蔗糖。

植物的多样性由其含有的糖决定。最早的糖分来源之一是蜂蜜，由蜜蜂从植物的花蜜中采集而来。树的汁液也是糖的来源之一，尤其是枫树和棕榈树，同样产糖。而现在，甘蔗和甜菜是糖的来源。

尽管糖的营养价值相同，但其甜度不同。果糖的甜度是葡萄糖的三倍，蔗糖的甜度是葡萄糖的四分之三。纯糖只有甜味，而含有杂质的糖，会由于杂质味道的细微差别使得糖的味道不同。

除了提供甜味，高浓度的糖也可以起到防腐剂的作用。糖的这两种作用都至关重要，比如在果酱、果冻和蜜饯的使用中。

本章还讨论了在制作甜食过程中与糖一起使用的食材。巧克力本质上并非甜的，而是有不同程度的甜味。从植物中提取的香精，在不影响平衡的同时，可以给甜食增添风味。

甜咸食物的浓度和质地通常是由于膨松剂和增稠剂的作用。发酵产生的二氧化碳和搅打都可以在面团中形成气泡，使其膨松柔软。胶凝剂形成分子网络，将液体变成固体。

糕点，由面团包裹覆盖油脂和/或水而后制成的甜食。

糖和蜂蜜

白砂糖

精制糖，由甘蔗或甜菜制成，结晶中等大小，除甜味以外几乎没有任何味道，是通用的标准糖。

黄砂糖

精制糖，含有少量糖蜜，口感细腻，金黄色，中等大小的晶体，质地细腻，柔软湿润。

黑棕糖

精制糖，包含有黑糖蜜，常有浓郁的焦糖风味。湿润柔软，颗粒小，适合烘焙。

原蔗糖

不完全精制糖，蜂蜜色，是原蔗糖，产自德梅拉拉（圭亚那）。口感细腻松软，晶体颗粒大且硬，质地干脆，适合作为餐桌调味糖使用。

细砂糖/幼砂糖

完全精制的白砂糖，晶体颗粒细。溶解快，适合用于烘焙。美国称为超细糖。

黑砂糖/巴巴多斯糖

半提炼糖，深褐色，原蔗糖，原产于巴巴多斯，质地细腻，柔软潮湿，带有特殊的甜酒风味，通常用于烘焙，如水果蛋糕和姜饼等。

方糖/角砂糖

白砂糖湿压或直接压成块状。用于热饮，尤其是在咖啡馆中使用，也可以用来揉搓柑橘油。

彩色糖

染成各种颜色的白糖晶体颗粒。用于装饰蛋糕、饼干和糖果。

棕榈糖

各种棕榈树的汁液煮沸，浓缩，凝固。颜色为棕色，由浅至深，带有独特的坚果和焦糖风味，甜而不腻。通常从块状硬糖上刮下。

香草糖

埋有香草豆荚的白砂糖或细砂糖，充满香草风味。可以给甜点增添芬芳的香草风味。

蔗糖/甜菜糖

大多数来源于甘蔗；甜菜是第二大糖分来源。其提取的果汁经过不同的加工过程逐步精炼，直至制成白砂糖。从化学成分上来看，甘蔗和甜菜中的糖是相同的，味道也是一样的。然而厨师们发现这两者的区别：蜜饯制造商更喜欢蔗糖。甜菜糖和蔗糖的副产品差别很大，甜菜提取物很难闻，人类不会食用。因此烹饪用半精制棕糖和糖蜜都是由蔗糖提炼而成。

浅色蜂蜜

由蜜蜂采集的各种花蜜制成的黏稠的甜浆。
从蜂窝中提取，有液体和固体两种形式售卖。
蜂蜜的颜色、味道和质地取决于花蜜，根据
其来源而有所不同。一般来说，尽管甜度相
同，浅色蜂蜜比深色蜂蜜味道更加柔和。

乳酪型蜂蜜/蜂蜜奶酪

经过控制结晶过程的纯蜂蜜。在液态蜂蜜中
搅入高质量的蜂蜜晶种以产生小结晶体而得，
质地如丝绸般顺滑，味道浓郁，有珍珠般的
光泽。看似固体，实际上仍然是液体，乳酪
型蜂蜜质地易于涂抹。

深色蜂蜜

深色蜂蜜，与浅色蜂蜜同样甜，但通常更具
风味。由于果糖含量高，蜂蜜比等量的糖更
甜，但口味较差。烹调时，由于蜂蜜的焦糖
化反应，使食物颜色更深。蜂蜜有很强的吸
湿性（吸水性），因此采用蜂蜜制作的烘焙食
品更易于保存。

蜂窝蜜

保留在六角形蜂窝中的未加工的液态蜜，由
蜜蜂筑成。由于密封，蜂窝蜜比提取的蜂蜜
留有更多的风味和香味。蜂蜡虽然可食用，
但难以嚼碎。块状蜂蜜是以蜂窝为容器的液
态蜜。

冰晶糖/冰糖

大块糖晶体，由缓慢蒸发的饱和糖溶液结晶而成。通常用绳子或棒来结晶。有些是彩色的，经常是棕色，有些是有香味的。通常用于制作甜饮料，包括某些利口酒。咖啡糖/咖啡冰晶糖是棕色的小晶体，用于增加咖啡甜味。

果酱糖

果酱糖是完全精制的粗砂糖，用于制作果冻和果酱。由于大颗粒晶体不会凝结成块，所以搅入液体时溶解速度快，可以减少搅拌和焦糖化反应以及烧焦的风险。

糖霜/糖粉

由精制糖，通常是砂糖研磨而成。为了防止结块，通常含有抗结剂，使用前仍需过筛。由于能迅速溶解，用于糖霜或糖衣。

果糖（片状）

果糖（粉状）

果糖

一种单糖，天然存在于水果和蜂蜜中，也被称为左旋糖。晶形果糖很可能是由蔗糖中分离而得，分离成葡萄糖和果糖，果糖甜度比蔗糖（普通糖）高，但只含有蔗糖一半的热量。由于其有吸湿性（吸水性），制成的烘焙产品腐坏速度更慢。

液体果糖

一种果糖糖浆，甜度和黏度成反比例变化。由于其能抑制其他糖的结晶，形成粒状结构。液体果糖用于制糖果和冰淇淋。由玉米淀粉制成，是玉米糖浆的一种，但不应与甜度更低的普通玉米糖浆，即液态糖混淆。

甜味剂

杏仁香精
一种气味浓烈的调味品，由苦杏仁蒸馏而得。少量添加在甜食、糖果和烘焙食品中。

香草香精
浓缩的香草香精。气味芬芳馥郁，带有焦糖的甜香和隐约的烟熏风味。天然香草精通常可以通过天然标签和人造香精进行区分。

香草萃取液
在琥珀色的水和酒精溶液中，加入切碎的香草豆荚，浸渍以提取风味而制得。含有至少35%的酒精。最好的香草萃取液含有少量糖；一些含有浓缩糖浆。

香橙香精
从橙子的果皮和香料中提取或提炼的香精油。有浓烈的橙子香气，在烘焙食品和糖果中添加应当谨慎。

玫瑰露
玫瑰花瓣蒸馏而得。味道甜香，令人陶醉，广泛用于中东料理中，用于制作糕点和糖果。过量则腻。

石榴糖浆
一种浓缩糖浆，最初由石榴汁和糖制成，但现在也含有其他红色水果。用于甜点着色和增加风味，或稀释后用于饮品。

椰子奶油
新鲜椰子磨碎，加入热水揉搓，挤压，使用纱布过滤，分离顶部不透明液体而得。由于会凝固，通常在烹饪结束时添加。

椰奶
稀薄的液体，由新鲜椰肉磨碎，加入热水揉搓，用纱布挤压过滤而成。用于长时间的慢炖。

巧克力

深色（清）巧克力

可可液/可可固体（从可可豆中提取的可可块和可可脂）和糖的固体混合物，有时加入香草以增加风味，添加卵磷脂以增加稳定性。可可液/可可固体含量越高，质量越好，口味越苦，黑巧克力分为苦甜、半甜和甜三种。

牛奶巧克力

可可液/可可固体、奶粉和糖的固体混合物，有时加入香草以增加风味，添加卵磷脂以增加稳定性。口感顺滑，可可液/可可固体含量较低，风味逊于黑巧克力。

白巧克力

可可脂、奶粉和糖的固体混合物，有时加入香草以增加风味，添加卵磷脂以增加稳定性；不含可可固形物。口感顺滑，但味道缺少层次。比黑巧克力更难以烹饪。

烘焙巧克力

烘焙或烹饪巧克力添加了植物脂肪而非可可脂，含有大量的糖。虽然缺少强度，也不光泽，它不需要回温以使其稳定，相对容易融化，因此被用于制作巧克力装饰。有烘焙黑巧克力和烘焙牛奶巧克力两种形式。烘焙巧克力有很高的可可脂含量，不含其他脂肪，但可能含有乳固体。专业地使用烘焙巧克力，有浓郁的巧克力风味，可以均匀且轻薄地进行裹层，加热可以使其变得有光泽。

巧克力豆

大小一致的小巧克力块，大小和品质不一。当需要完整的巧克力片时，巧克力豆可以均匀地融化，易于烘烤。

固体巧克力饮料

可可粉和糖的粉状混合物，品质取决于品牌，含有作为乳化剂的卵磷脂，同时还含有奶粉。与冷或热牛奶混合饮用。通常可可含量较低，不适合烹饪。

可可

提取大部分可可脂后剩余的可可膏磨制而成，不加糖。碱化可可粉是经过碱化处理的可可粉，颜色更深，更易溶于液体。可可有强烈的巧克力味。

糖浆、抹酱和果酱

枫糖浆

由枫树树液煮沸制成的糖浆。加拿大东部和美国东北部的特产，根据颜色和味道进行分级，最好的枫糖浆呈淡琥珀色，味道柔和。纯枫糖浆有指定的标准。枫糖风味糖浆由较便宜的玉米糖浆混合少许枫糖浆制成。枫糖浆味道甜美，有其特殊的风味，通常作为糕点上的装饰配料，浇在薄煎饼上，用于淋面和增加风味。枫糖是由枫树树液煮沸蒸发掉几乎全部的水分后制成的。

金黄糖浆

一种英式淡金色的糖浆，味道柔和而独特，与糖蜜味道不同。是一种转化糖浆，蔗糖生产的副产品。蔗糖分离为葡萄糖和果糖，比蔗糖更易结晶，作为甜味剂用于烘焙或甜品装饰配料。

糖蜜

英国名词，指一种黏稠的糖浆，由甘蔗制糖的残渣制成。一般指的是棕黑色的糖浆，在其他的地方称之为糖蜜；颜色越深，味道越甜苦，风味越浓烈。由于其含有一定水分，糖蜜没有糖甜。通常用于烘焙食，例如姜饼、糖蜜挞，以及用于制作太妃糖。

巧克力酱

香甜丝滑的巧克力调味酱。由黑巧克力、牛奶巧克力、白巧克力或混合品种制成，市面上贩售的通常含有可可粉、卵磷脂和香草，有时也含有烤榛子。主要用于抹在面包上食用，同时也与奶油混合用于制作甜点，也可能被稀释成糖浆。

榛子酱

香甜丝滑的巧克力风味酱混合磨碎的烤榛子。市面上贩售的榛子酱通常含有可可粉和糖混合植物油、奶粉、卵磷脂和香草等。主要涂抹在面包上食用，同时也与奶油混合用于制作甜点，也可能被稀释成糖浆。

花生酱

由烤制的花生或落花生（见第56，第87页）制成的酱。打碎后，坚果中的油脂使混合物更加顺滑。通常含有一定量的盐，一些市面上的花生酱也含有植物油、糖和乳化剂。质地光滑或呈块状，混有花生碎粒，主要作为抹酱食用，同时也是制作曲奇、饼干和沙爹酱的食材。

混合果酱

一种英式果酱，由三种柑橘类水果制成，如橙子、葡萄柚和酸橘混合，加糖煮制而成。带有标志性的略带苦味的或薄或厚的皮。

柠檬凝乳/柠檬乳酪

由蛋、糖、黄油、柠檬皮和柠檬汁混合，小火加热至浓稠而制成。口感浓郁顺滑，作为抹酱食用，用于制作海绵蛋糕，以及作为填馅使用。

橙子果酱

一种英式果酱，由橙子加糖煮制而成，带有标志性的略苦的橙子皮屑。塞尔维亚橙子用于制作传统甜苦果酱。主要作为抹酱涂在面包上在早餐时食用。

腌渍西瓜

采用西瓜的果皮（外果皮和果肉之间的白色层内），有时使用西瓜的果肉，泡在卤水中腌制，然后在浓稠的糖浆中慢炖而成，通常加入磨碎柠檬和姜。

覆盆子果酱/果冻

覆盆子以及其果汁加糖煮制而成，通常去籽。半固体状，通常作为抹酱，也是甜点和烘焙的一种原材料。

杏酱/果冻

杏去核，新鲜杏果或果干皆可，加糖水煮而成，甜美多汁，有时加入杏仁以增加坚果风味。作为抹酱食用，也是烘焙或淋面的原材料。

草莓酱/果冻

由草莓、糖和柠檬汁等煮制而成的果酱。质地柔软，通常含有草莓块，用作甜点的配料和原材料。

无花果果酱/果冻

采用新鲜无花果或无花果干，加入柠檬汁和糖煮制而成。含有块状的无花果肉以及无花果的微小种子，作为一种抹酱食用。

醋栗果酱/果冻

一种甜果酱使用海角醋栗保存（见第79页），用柠檬汁和糖一起水煮。过滤醋栗碎和小种子使之成为半凝固的果酱。

黑莓果酱/果冻

由黑莓为原料，加糖煮制而成的果酱，通常加入苹果。质地柔软，含有果肉和籽，作为抹酱和甜点原料使用。

添加剂

泡打粉

一种由碱（小苏打）和酸（酒石酸钠和焦磷酸钠）与淀粉混合制成的膨松剂；当润湿和/或加热时，反应产生二氧化碳气体。

（活性）干酵母

单细胞和真菌的微小脱水颗粒。与温暖的液体混合时，酵母被激活，它们产生的二氧化碳形成气泡，从而使面团发酵。它的效果是鲜/压缩酵母的两倍。

塔塔粉/酒石酸氢钾

酸盐、酒石酸氢钾的结晶磨成的粉末，通过净化葡萄酒的沉淀物制成。与小苏打一起作为膨松剂使用，也用于稳定蛋清。

小苏打

一种碱性粉末，也称烘焙苏打或碳酸氢钠。与酸性溶液混合，可产生二氧化碳，所以通常作为膨松剂与酪乳、柠檬汁或塔塔粉一起使用。

吉利丁粉

来自动物组织中胶原蛋白的蛋白质小颗粒。在冷水中膨胀，加热（不要煮沸）溶解。几乎无味，用于制作肉冻、果冻和慕斯。

吉利丁片/鱼胶片

薄而脆的半透明的吉利丁片。在冷水中软化，然后直接混合到所用的温热液体中溶解。比吉利丁粉的效果更好。

琼脂

从各种海藻中提取的提纯干燥胶质，粉末状、碎片状或棒状。比吉利丁的凝胶作用更强，耐沸水，无须冷藏即可凝结。也称海藻胶，蔬菜或日本吉利丁。

卡仕达粉

玉米粉、糖和着色剂以及调味料的混合物。不含蛋，与牛奶混合加热，会变得浓稠，和真正的卡仕达酱很像。也是一种烘焙食材。

鸡蛋粉

鸡蛋；全蛋或蛋白和蛋黄，在喷雾干燥以及巴氏杀菌后重组，可以像新鲜鸡蛋一样使用，但是不要将其暴露于空气中；会改变其风味。

定时和温度事项

酵母　在冷冻状态下并不活跃，但凉爽时生长缓慢，在温暖（24℃）时状态稳定，在温热（38℃）时反应活跃，在60°时死亡。

明胶　在27℃左右融化，在20℃时凝固，高温煮沸会减弱其凝固力。

琼脂　在±90℃时溶解，在大约45℃凝固，再沸不减弱其凝固力。

卡仕达粉　需要加热才能变稠。

小苏打和泡打粉　含有塔塔粉，受潮后会立即产生化学反应；一旦在面团中开始反应，应当立即烘烤，否则气体将会逸出。

油酥面团

奶油酥皮

油脂，无论是牛油或是黄油，揉搓进过筛的面粉中，加入冷水混合制成的面团。用于制作派皮的基础面团，易碎松脆。加入鸡蛋和/或糖制成更加浓郁的奶油酥皮，或甜奶油酥皮。

法兰/片状酥皮

一种可以快速制作的面团，由加盐过筛的面粉、黄油和冷水组成；揉进黄油块，制成一种口感浓厚，片状分层的糕点，用于馅饼皮。

千层酥皮

由筛过的咸面粉、冷水和黄油组成的面团，反复滚动和折叠而成。烤制后，会产生上百层松脆分层。用于精致的菜点，可甜可咸。

中东薄面皮/费罗面团

一种中东面团，将面粉和水揉抻到纸一样薄。展开后，很快变干，无法继续加工。在这些面团层表面涂上黄油，然后叠放在一起，以获得许多松脆的薄片。用于制作甜点，例如蜜糖果仁千层酥和苹果脆皮酥卷等。

面团制作技巧

制作光滑轻盈的油酥面团的关键是避免面粉中面筋的形成并保持面团冷却（这样油脂就不会液化），以及尽可能少地触碰面团。

短时、快速、轻柔地揉搓，而不是长时间、重而稳定地揉压面团。轻轻地在揉搓的面团表面撒些面粉，以免改变面粉在糕饼中的比例。揉搓后让面团静置一段时间：在揉压和烘烤之间让面团松弛一段时间，可以减小烘烤过程中的收缩程度。

用锋利的刀切割酥皮和千层酥面团，以避免不同层次之间的黏结，减少膨胀。使切割边缘分层，用锋利的刀片浅浅地划上痕迹。

把所有的面团放入烤箱烘烤，很快就会定型，然后面团会收缩。为了使蒸汽促使面团分层，在烤制酥皮和千层酥饼时应在烤箱底部放一盘水。

甜酥面团

法式甜油酥面团，口味浓郁，由蛋黄、黄油、糖混合加咸面粉制成。用于甜挞，烤制后，酥脆软嫩。

比萨饼底

平盘状酵母发酵面团，加入橄榄油使其更加油润。起源于意大利，与那不勒斯颇有渊源，正宗的比萨饼应当在高温的砖炉中燃烧木材烤制。作为各种咸味顶料的饼底，通常是番茄和奶酪。尼古斯比萨是一种类似的制作方法。比萨饼底也可以加入馅料对折，制成半圆形烤馅饼。

烹饪用酒

红葡萄酒　　　白葡萄酒　　　白兰地　　　雪丽酒

味美思/苦艾酒　　米酒　　　黑啤　　　艾尔啤酒

贮藏啤酒　　荷兰产杜松子酒　　伏特加　　马尔拉葡萄酒

马德拉葡萄酒　　甜雪丽酒　　餐后酒　　起泡酒

波特酒	朗姆酒	金酒	意大利苦杏酒
君度酒	榛实酒/榛子利口酒	苹果白兰地	柠檬甜酒
咖啡酒	杜林标酒（苏格兰威士忌甜酒）	法国绿茴香酒	法国白兰地
樱桃白兰地	木莓白兰地酒	苦艾酒	味醂（日本甜米酒）

其他食材

胭脂树，从其果实采取的黄红色染料　从热带美洲树胭脂树的种子中提取的橙红色食用色素。用于食品着色，包括柴郡奶酪，它已基本上被 β 胡萝卜素所取代。

意大利前菜　意大利风味开胃菜。带有典型的冷菜拼盘元素：腌肉、凤尾鱼、橄榄、番茄、腌制蔬菜和海鲜。

亚洲蔬菜　各种用于亚洲料理的绿叶蔬菜，包括白菜（中国甜菜、小白菜）、中国花菜（中国甘蓝、芥蓝）、大白菜、菜心（菜薹）、芥菜（芥菜、东方芥菜）、塌棵菜（莲座白菜）。

焗豆　（海军食用）豆番茄酱煮熟，通常是罐装形式。传统的波士顿焗豆是用糖蜜、糖和香料配制而成的。

豆腐　用大豆制成的白色干酪状凝乳。中国和日本称之为豆腐，味道清淡，但容易吸收味道。以真空包装的盒子或浸在水中的形式进行售卖。质地柔软的豆腐适合作为奶制品的替代品；质地坚实的豆腐适合炒或油炸。豆腐是一种优良的蛋白质来源，同时也是一种低脂食物。

面包　一种主食，由面粉或谷物粗粉和水制成。发酵面包使用酵母或小苏打；薄脆饼是未经发酵的。

石栗　属热带坚果，大而坚硬的圆形果实包裹着 1~2 个光滑的白色果仁，类似于核桃，含有毒素，不适合直接食用。通常烤制后去壳，将果仁与其他食材一起碾碎，以获得芳香的混合物，在印尼料理中通常油炸。

角豆　原生地中海树的果实，用作可可和巧克力的替代品，在蛋糕、饼干、布丁中使用。可以以粉末、块状和滴剂的形式使用。与巧克力相比含有较少的脂肪（几乎没有），不含咖啡因。

木薯　富含淀粉的块茎，皮厚，果肉呈乳白色，生长于非洲和美洲中部，作为主要蔬菜食用。有两种基本的品种：甜木薯和苦木薯。由于含有一种酶，反应产生有毒的氢氰酸糖苷，木薯需要被妥善处理，其有毒物质可以通过加热或溶于水中的方式去除。如果正确地进行各种形式的加工（去皮、清洗、水煮、烘烤、发酵）可以去除毒性。干燥的木薯被加工成粉状，叶子作为蔬菜收割。也被称为树葛。

佛手瓜　梨形果实，有许多别名，包括安南瓜、隼人瓜和蔬菜梨等。表皮绿色，果肉坚实呈白色，有淡淡的葫芦味或黄瓜味，可以像夏南瓜一样进行处理，也可以去皮生吃。由于表皮切割后会分泌黏性物质，佛手瓜最好在流水下进行处理。

雪维菜/细叶芹　多叶草本植物，带有欧芹和茴香的清香。是一种经典的香料，用于和龙蒿一起制作龙蒿蛋黄酱，同样也适合搭配奶油浓郁的菜肴，为了保证其风味，雪维菜应当在使用之前再切割。

栗子　一种栗属甜坚果，外皮褐色，有光泽，内表皮难以去除。与其他坚果不同的是，栗子主要含有淀粉和少量的油。烤制后可食用其内仁，煮熟后可以整个或压泥使用，甜咸皆可。通常与芸薹、蘑菇、禽类及野味、巧克力、奶油和红葡萄酒搭配。板栗粉也是部分意大利和法国地区历史上的主食。

鹰嘴豆粉　整个鹰嘴豆磨成的细粉（也称为克面粉、面粉和乌鳢鹰嘴豆粉）。用于制作面包和巴亚（由蔬菜或鱼块蘸面糊炸制而成的菜肴），也用来增厚。

苹果酒　由苹果汁发酵而成的水果酒、气泡酒或蒸馏酒。在诺曼底、布列塔尼地区、法国北部和英国南部地区的烹饪中使用。梨酒是一种类似的由梨制成的饮品。在北美，苹果酒（cider）是指未发酵的苹果汁。

咖啡　原料咖啡豆洗净，去壳，发酵，干燥，烘烤，然后与其他豆混合以获取更佳的风味和多样性，磨粉前，与水混合后加热可制成可饮用的咖啡。烹饪时，通常使用较浓的咖啡，既可获得颜色又可获得足够的风味。

莳萝腌瓜　用莳萝籽、大蒜、香料和盐腌制的小黄瓜。在犹太人和北美料理中很受欢迎。

葡萄叶卷　填馅葡萄叶，新鲜叶片必须被烫洗软化，但腌制的叶片只需要使用前冲洗以去除多余盐分即可。也被称为多尔马德思，希腊酸葡萄叶酿饭等。

榴梿 大型水果，表皮覆盖着紧密的硬刺、果肉呈奶油色，肉质绵密饱满，可以直接或烹饪后食用，通常在米料理中使用。原产于东南亚，以其气味而闻名，但因其浓郁的奶油质地和独特的风味而倍受喜爱。

菊苣 一种沙拉叶菜，外观精致有褶边，略有苦味，质地爽脆。也被称为苦苣。巴塔维亚菊苣叶片更宽，口感更加爽脆，也被称为茅菜和巴达维亚。

费约果 椭圆形果实，表皮坚硬呈绿色，果肉柔软有颗粒感，围绕着含有许多细小种子的核，有独特的香味。成熟时稍软，很香，果冻质地的部分果肉是透明的，通常生吃或烘烤后食用。

球茎茴香 植物的膨大的茎基部，可用作蔬菜。类似与芹菜的爽脆质地，类似于茴香的甜美风味，生食味道尖锐，煮熟后变得醇厚，可以炖、烤、扒、煎或蒸。不应与叶子和种子用于调味的香草茴香、苦茴香和甜茴香混淆。

鳄梨酱 墨西哥蘸酱，成熟的鳄梨捣碎，加上切碎的辣椒、洋葱、香菜（芫荽）制成，有时还加上番茄，传统上作为佐料和玉米饼一起食用。

哈吉斯 羊的内脏（心、肝、肺）切碎，混合燕麦、洋葱、羊油，调味后塞进羊胃，水煮。原先是以不浪费内脏为目的而食用，如今在苏格兰和其他一些地方，在伯恩斯之夜作为一道传统菜肴食用，与甘蓝泥和土豆泥一起食用。

鹰嘴豆泥 用芝麻酱、青柠汁和大蒜调味的鹰嘴豆泥。中东料理的代表菜，通常搭配皮塔饼。

菠萝蜜 大型水果，原产于印度、马来西亚，表皮绿色、有突起，成熟时变黄。成熟后，尽管果肉甜美多汁，味道类似菠萝或香蕉，但有一种令人不悦的气味。未成熟的种子和果肉可作为蔬菜或制成酸辣酱食用。

海蜇 在亚洲料理中使用，食用品种因其爽脆而富有弹性的质地被高度评价。通常以海蜇干的形式售卖，需要浸泡，漂洗，去皮，切碎后再使用，或真空包装开袋即食。

加勒比调料 由干辣椒、多香果、香叶、丁香、大蒜和生姜制成的加勒比混合调料，用于肉类调味。

菊芋 向日葵属节块茎，味道温和甜美朴实，有坚果风味，可以切片，直接或炸酥后加入沙拉，像土豆一样水煮或烤制，或做成汤、泥。切割时滴入酸性水以防止氧化变褐。由于所含的碳水化合物不能被人类消化，会原封不动地进入肠道，而后产生大量的气体。可以通过煮沸来减轻这一症状。

羽衣甘蓝 甘蓝类蔬菜，风味更浓，叶片光滑或卷曲，呈深绿色或紫色，缺乏坚实的中心或"芯"。耐寒蔬菜，在北欧国家很流行。用作卷心菜。也被称为海甘蓝、羽叶牡丹、无头甘蓝。

泡菜 韩国人几乎每顿饭都食用的一种腌菜。泡菜是一种发酵佐餐菜，由白菜和黄瓜、洋葱、大蒜、生姜、辣椒，有时还会加入白萝卜，在盐水中腌制而成。有些版本包括咸鱼。味道浓烈，口味独特。

大头菜 甘蓝的球状茎，呈绿色，白色或紫色。肉质爽脆温和，类似于芜菁，磨碎，切片，直接食用，压泥，或切块煮熟。大头菜在欧洲大陆十分流行，尤其是德国和亚洲。

金橘 外形类似于小橙子，与柑橘类水果不同的是，金橘的果肉、皮和籽皆可以食用，果肉苦甜。通常煮制成糖浆，加入水果沙拉，浸泡在白兰地中，或制成果酱。

野苣 冬季沙拉叶菜，叶匙型，有坚果风味。也被称为玉米莴苣。

罗甘莓 树莓和黑莓的杂交品种，与两种浆果有类似的味道，可直接使用或煮熟后使用。和大多数浆果一样，夏天成熟。

龙眼 一种原产于中国的水果，与荔枝类似，果肉光滑，表皮坚韧，成熟时由橙色变成棕色，果肉芳香，半透明。易剥皮，生吃。

枇杷 小型水果，杏色蜡质表皮，常有褐色斑点。味酸，果肉多汁，包裹有大颗棕色种子。生吃，加入水果沙拉或制作果酱和果冻。很软，易擦伤，因此在商业上没有广泛种植。

莲花 莲属水生植物，花白色或粉色，根可食，切开有中空洞眼。莲藕是中国和日本料理中常用的食材，多作为装饰性，或为其爽脆的质地和清爽的味道。食用之前，须去皮，可生食或熟食，以新鲜、干货、冷冻和罐头形式售卖。

酸橘 小型柑橘类水果，表皮呈绿色，凹凸不平。

叶和皮切碎，或碾碎，在泰国或东南亚料理中使用。也可以使用新鲜或干燥的。

山竹 与名字不同的是，山竹本身与杧果毫无相似之处，果实呈圆形，皮厚，深紫色，瓣状白色果肉。质地类似于李子，味甜，略带酸味。

北非口味香辣肠 由牛肉、辣椒、哈里萨辣酱（见229页）制成的北非香肠，有标志性的红色。通常铁扒，与古斯米一起食用。

梅泽 （土耳其前菜）小零食和饮品。梅泽包括肉丸、奶酪、橄榄、腌制蔬菜和蘸酱，如鹰嘴豆泥、塔莎莫沙拉和兰姆糕。

味酥 一种日式甜米酒，用于烹饪、淋面和沙拉酱汁。与酱油混合时，作为日式烤鸡肉串的酱汁基础。可以用甜雪丽酒来代替，但并不能完全代替。

混合香料 传统英式混合香料，包括磨碎的芫荽、肉桂、多香果、丁香、肉豆蔻和姜，用于烘烤以及给布丁增添风味，也被称为布丁香料或苹果派香料。

味精 作为增味剂广泛应用于食品加工业，可能会引起一些不良反应。自然存在于某些海藻中，日本称为昆布。在欧洲，它含有添加剂，但是含有天然味精的产品不需要进行标注。

桑椹 紫黑色浆果，大小、形状类似于黑莓。也有红色和白色的品种。柔软细腻，桑椹通常从桑树上采摘而得。

秋葵 细长脊状，含有白色的小种子。烹调后，会产生黏液，这一特性用于增稠克里奥尔和卡津料理，如秋葵浓汤。秋葵，可以趁新鲜或干燥后使用。在印度、加勒比、北非、中东地区也被称为黄秋葵、女士的手指等。

鸵鸟 不会飞的大型鸟类，原产非洲，现在在许多国家养殖。肉质呈深红色，比牛肉脂肪含量更低，特别适合煎炒。

班兰叶 叶绿，长而扁平，亚洲料理中用于包裹肉或者鱼，用于扒制，或压碎加入米饭或咖喱中用于调味。在马来西亚和印度尼西亚料理中，水煮以提取出其颜色给甜食着色。也叫露兜树叶、香兰叶。

欧防风 根用蔬菜，味道朴实甜美。与胡萝卜是近亲，可以使用相似的烹调手法，但由于较硬，一般需要较长时间的烹饪。含有天然糖分，是理想的烘焙或烧烤以及水煮和压泥食材。秋天的初霜使其甜

味浓缩。

熏牛肉 烟熏牛肉、牛胸肉，烟熏前在糖、香料和大蒜的混合物中干腌。据说在纽约是一道熟食店特色菜"黑麦熏牛肉"。

人参果 原产于智利和秘鲁的热带水果，外观类似于小黄瓜，表皮金黄，通常有紫色条纹。带有柔和的甜瓜味道，可用于水果沙拉，也可以像甜瓜一样食用。又称瓜梨。

非洲鸟眼辣椒酱 以很辣的小辣椒为特征的辣椒酱，由辣椒在油中浸煮制成，用于给肉、鱼、虾涂抹调味。起源于非籍葡萄牙裔，可以以酱汁或粉状形式进行售卖。

仙人掌科刺梨 美洲中部、美国南部、澳大利亚、印度、南非和地中海沙漠中的仙人掌果实。带刺的肉质叶片从绿色、黄色、橙色到红色颜色不一，肉质柔软，类似西瓜或黄瓜的质感，含有可食用的小种子。可以直接和柠檬汁一起食用，或煮熟，作为果酱。

风干火腿 在意大利，指腌火腿，如帕尔玛火腿。有熟火腿（proscuitto cotto）和生火腿（proscuitto crudo）两种。

粗黑麦面包 紧实的全麦黑麦面包，深棕色，来自德国。通常切成薄片售卖食用。

温桲 苹果和梨的近亲，几乎完全用于烹饪。成熟时，颜色金黄，气味芳香，肉质又硬又酸，但一经烘烤或炖煮，就会软化，风味更佳，颜色金粉。作为楢，含有大量的果胶，可用于制作果酱，易于保存，如温桲果酱配奶酪，西班牙称为membrillo，法国称为cotignao，意大利称为cotognata。

植物素肉 由菌蛋白制成的专利素肉产品。有与肉类类似的味道和质地，包括冷盘、汉堡、香肠和素肉块。

摩洛哥混合香料 一种摩洛哥混合香料，通常包括豆蔻、肉豆蔻、多香果、丁香、姜、黑胡椒、肉桂、香菜、孜然和卡宴辣椒粉，有时，还包括玫瑰花瓣。

普罗旺斯炖菜 一种普罗旺斯炖菜，包括茄子、辣椒、番茄、洋葱和西葫芦，在橄榄油中焖炖而成，可冷食或热食。

驯鹿 主产于斯堪的纳维亚半岛国家和俄罗斯的野生鹿。有明显的野味，瘦肉可以像鹿肉一样烹调，

主要用于烟熏。

鱼子　鱼子是雌鱼的卵。软鱼白是雄鱼的精子（精液）。鱼子来自许多品种的鱼，鲟鱼的鱼子酱非常珍贵，但鲑鱼、鳟鱼、鲱鱼和鳕鱼也产鱼子。可以生吃和腌制（如鱼子酱），切片炒制，或制成产品，如塔拉莫莎拉（taramosalata）。在日本，用于装饰寿司。

日本清酒　是由发酵大米制成的。它可以饮用，热饮或冷饮，或用于调味汁和腌泡。

莎莎酱　在意大利语和西班牙语中是"调味汁"的意思，莎莎酱因墨西哥料理而广为人知，是一种混合了切碎的番茄和蔬菜，通常是现成的，配以肉或者玉米片。墨西哥莎莎酱包括切碎的绿色番茄、辣椒、洋葱和香菜。意大利莎莎酱有欧芹、水瓜柳、凤尾鱼、大蒜、橄榄油和醋。

婆罗门参/西洋牛蒡　类似长胡萝卜的一种根茎植物，表皮棕色，肉质光滑，呈乳白色。可以煮或烤，也可以用于汤和炖菜。去皮后，要浸泡在酸性液体中以防止氧化褐变。

硝酸钾　传统上用于保存食物，给腌肉(如培根)着色，但现在主要用硝酸盐代替。

参巴　马来西亚、印度尼西亚和新加坡料理的一种调味品或配菜的名称。有许多不同的变化，煮熟的或生的，新鲜或罐装出售的。用红辣椒、醋和糖制作的参巴辣椒酱是一个广为人知的版本。

海蓬子　两种不同的植物：地中海种(海洋或岩石海蓬子)，是一种小灌木，有细长的、肉质的叶子和一种令人不悦的气味，一经被腌制就会消失。通常作为冷肉的佐料。海蓬子(厚岸草)，有明亮的绿色，茎多汁，味咸，爽脆多汁。可以蒸或煮直到软化，用黄油或荷兰酱调味，通常搭配鱼。

人心果　一种圆形或椭圆形的热带水果，表皮粗糙，呈棕色，果肉柔软多汁，呈淡黄色或浅棕色，甜香，质地略有颗粒感。生的时候十分苦涩。又名仁心果、赤铁果、牛心梨。

美果榄　拉丁美洲的几种热带水果，不是所有都是近亲，但有相似的特征。来自墨西哥的黑肉柿，果肉呈巧克力棕色，用于冰淇淋和蛋糕，通常用香草或朗姆酒调味。它也被称为黑柿或巧克力布丁果。来自西印度群岛的肉香果美果榄(奇科由)，皮厚，棕

色，果肉橙红色，味芳香，有四个大种子。可以直接吃，也可以用来做冰淇淋或蜜饯。白色美果榄是李子形的，成熟时变成淡黄色，果肉质地细腻，味道像梨子。

沙爹　腌制后烧烤的牛肉、鸡肉或海鲜串。马来西亚、泰国和印度尼西亚的特色菜，通常配有花生酱作为蘸酱。

海参　不是一种蔬菜，而是一种类似蠕虫的海洋生物，在亚洲以其质地和味道而广受欢迎。通常买干制海参，然后在水中泡发后再烹调。蛋白质含量高，被认为是有营养的。在日本，通常切成薄片，蘸醋和酱油生吃。

甲壳类动物　贝壳类动物，特别是用于烹饪的水生动物，包括甲壳类动物(螃蟹、龙虾、对虾、虾)、鲍鱼、扇贝、贻贝、海螺、牡蛎、海螺和蛤类。

浓口酱油　一种纯净的日本酱油，含有脱脂蒸制的大豆和与大多数酱油相比更高含量的烤碎小麦。咸度比老抽酱油低，味道更清淡。(参见溜酱油)。

蜗牛　尽管通常与法国有关，但也在其他国家养殖。通常买罐装蜗牛，经典做法是配以蒜香黄油，肉质坚实，口味甜美。也称为食用蜗牛。

意大利炒蔬菜　意大利语和西班牙语单词，指切碎的大蒜、洋葱、胡萝卜、芹菜、番茄或辣椒的混合物，在油中慢慢烹调，用作炖肉、汤和调味汁的基础。在中美洲和加勒比地区，经常添加猪肉和火腿。

春季时令蔬菜　嫩卷心菜和其他的卷心菜，通常趁硬芯未长成，叶片松散时采摘。通常焯水，在黄油中拌匀。品种包括甘蓝、甜卷心菜和羽衣甘蓝。

芽菜(豆芽)　豌豆、豆类和谷物的种子的嫩芽，通常在沙拉中生吃，用于炒菜和亚洲料理。一些比较熟知的品种比如苜蓿芽、水芹、绿豆芽、扁豆芽、向日葵芽、芥菜芽、鹰嘴豆芽和黄豆芽。

寿司　日本特色菜，包括醋米饭，形状为舰状或卷，或裹着，或由新鲜的鱼或海鲜、蔬菜、豆腐和煎蛋卷等原料组成。最终造型可能被裹在海苔(紫菜)上，并配上腌姜和芥末。

辣椒仔　在路易斯安那州艾弗里岛上生产的一种瓶装辣椒酱，由麦克伦尼家族制作。配料包括辣椒、盐和醋。绿色的辣椒仔味道更加温和。

溜酱油　一种日本纯酱油，只用大豆或脱脂大豆制

成，不含小麦，颜色很暗。真正的溜酱油是罕见的，即使在日本也是如此。

芋头 热带块茎植物的总称，亚太地区、西非、西印度群岛地区的一种主食。在吃之前都应该煮熟。通常通过煮沸或蒸制以去除在表皮下积聚的草酸钙和刺激气味。蒸熟后，芋头的味道和质地与土豆相似。芋头粉可以和竹芋粉一样使用。在西印度，嫩叶被称为"卡拉罗"（callaloo），是一种蔬菜，也需要谨慎烹调以去除草酸钙。

苔麸 北非禾本科谷物，尤其在埃塞俄比亚，是一种主食，通常磨粉以制成饼食用。

黏果酸浆 酸浆属水果，是番茄的近亲，通常作为蔬菜使用，可以生食或熟食。这种薄皮水果的颜色由绿色和黄色到紫色不一，果肉呈淡绿色或黄色，有许多微小的种子。墨西哥莎莎酱的重要食材，也用于鳄梨酱和酸辣酱。也被称为绿番茄。

TVP 从大豆中提取的有纹理的植物蛋白的首字母缩略词。所产生的糊状物是彩色的，有时也有味道，而且质地类似于磨碎的肉。通过烹饪或预先形成的立方体和"牛排"来重新组合而成。也被用于提高加工肉类的延展性，例如香肠。

牙买加丑橘 原产于牙买加的一种柑橘类水果，橘柚的一种。一种大型水果，类似于葡萄柚，但有厚厚的、堆积的表皮，有像橘子一样的味道。易于剥皮，但会吃得满手都是。

酸梅 一种杏，但通常被称为日本梅，这种小而酸的水果用盐水腌制或干腌。其颜色来自红色的紫苏叶。大多配米饭，或早餐时配绿茶。腌制用的碱性醋由浸泡有梅花的盐水制成。

葡萄叶 新鲜葡萄叶有时作为蔬菜烹调，但最有名的做法是用于制作葡萄叶卷，叶片塞满肉或米饭的混合物。新鲜的叶片必须焯水，罐装叶片使用前需漂洗。

菱角 作为一种水生植物为人所知，原产于东南亚，欧洲版本叫做"水菱"，而"菱角"的克什米尔坚果都来自同一个种属。（不应当与荸荠混淆。）核桃大小，表皮深褐色，果肉白色，质地粉糯。它通常是新鲜或罐装的，在炒菜、馄饨和甜碟中使用。

参考文献

【1】 Davidson, Alan. The Oxford Companion to Food, Oxford University Press, 1999.

【2】 Davidson, Alan. North Atlantic Seafood, Harper & Row, 1989.

【3】 Davidson, Alan & Knox, Charlotte, Fruit; A Connoisseur's Guide and Cookbook, Mitchell Beazley, London, 1991.

【4】 Vaughan, J.G. & Geissler, C.A. The New Oxford Book of Food Plants, Oxford University Press, 1997.

【5】 McGee, Harold. On Food and Cooking; The Science and Lore of the Kitchen, Harper Collins, 1991.

【6】 Ayto, John. A Gourmet's Guide; Food & Drink from A to Z, Oxford University Press, 1994.

【7】 Solomon, Charmaine. Asian Food, New Holland, London, 2005. (Previously published as The Encyclopedia of Asian Food, Hamlyn, 1997.)

【8】 Yee, Jennifer. Discovering Asian Ingredients for New Zealand Cooks, Random House, 2001.

【9】 Del Conte, Anna. Gastronomy of Italy, Prentice Hall Press, 1987.

【10】 Brooker, Margaret. At Its Best; Cooking With Seasonal Produce, Tandem Press 2003.

【11】 Brooker, Margaret. New Zealand Food Lovers' Guide, Tandem Press 2001.

【12】 Stobart, Tom. The Cook's Encyclopaedia; Ingredients and Process, Grub Street, 1998.

【13】 Stobart, Tom. Herbs, Spices and Flavourings, Penguin Books, Harmondsworth, 1977.

【14】 Herbst, Sharon Tyler. The New Food Lover's Companion, Barron's Educational Series Inc, 1995.

【15】 Larousse Gastronomique, Mandarin Paperbacks, 1990

【16】 Rogers, Jo. The Encyclopedia of Food and Nutrition, Merehurst Ltd, 1990.

【17】 Alexander, Stephanie. The Cook's Companion, Viking, Australia, 1996.

【18】 Harbutt, Juliet. Cheese; A complete guide to over 300 cheeses of distinction, Mitchell Beazley, UK, 1999.

【19】 Androuet, Pierre. Guide du Fromage, Aidan Ellis Publishing Ltd, UK, 1983.

【20】 Masui, Kazuko and Yamada, Tomoko, French Cheeses, Dorling Kindersley, Great Britain 1996.

【21】 Italian Cheeses; A guide to their discovery and appreciation, Slow Food Editore, 2000.

【22】 Ridgway, Judy. Judy Ridgway's best olive oil buys round the world, Gardiner Press, UK, 2000.

【23】 Dolomore, Anne. The Essential Olive Oil Companion, Macmillan, Australia, 1989.

【24】 Mallos, Tess. The Bean Cookbook, Lansdowne, Sydney, 1984.

【25】 Owen, Sri. The Rice Book; The Definitive Book on the Magic of Rice Cookery,

Doubleday, London, 1993.

【26】Larkcom, Joy. Oriental Vegetables; The Complete Guide for Garden and Kitchen, John Murray (Publishers) Ltd. London, 1991.

【27】Durack, Terry. Noodle, Allen & Unwin, Australia, 1998.

【28】Alford, Jeffery and Dugid, Naomi. Flatbreads & Flavors. William Morro and Co. Inc, New York, 1995.

【29】Kennedy, Diana. The Cuisines of Mexico, reved, Harper & Row, New York, 1985.

【30】Bharadwaj, Monisha. The Indian Pantry, Kyle Cathie Ltd. Great Britain, 1996.

【31】Yan-kit So, Classic Food, Penguin, Australia, 2002.

【32】Roden, Claudia. The New Book of Middle Eastern Food, Penguin, Harmondsworth, 1986.

【33】Roden, Claudia. Book of Jewish Food, Viking, UK, 1997.

【34】Wolfert, Paula. Couscous and other good food from Morocco, Harper & Row, New York, 1973.

【35】Field, Carol. The Italian Baker, Harper Collins, New York, 1985.

【36】Brettschneider, Dean and Jacobs, Lauraine. The New Zealand Baker, Tandem Press, Auckland, 1999.

【37】Collister, Linda and Blake, Anthony. The Bread Book, Conran Octopus, London, 1993.

【38】Helou, Anissa. Lebanese Cuisine, Grub Street, London, 1994.

【39】Bareham, Lindsey. In Praise of the Potato, GraftonBooks, London, 1991.

【40】Bareham, Lindsey. The Big Red Book of Tomatoes, Michael Joseph, London, 1999.

【41】Bareham, Lindsey. Onions Without Tears, Michael Joseph, Great Britain, 1995.

【42】Tannahill, Reay. Food in History, Paladin, UK, 1975.

【43】Scott, Maria Luisa and Denton, Jack. The Complete New Book of Pasta, Morrow, USA, 1985.

【44】Carluccio, Antonio. A Passion for Pasta, BBC Books, London 1993.

【45】Carluccio, Antonio. A Passion for Mushrooms, Pavilion Books, Great Britain, 1990.

【46】Carluccio, Antonio. Antonio Carluccio's Vegetables, Headline, London, 2000.

【47】Grigson, Jane. The Mushroom Feast, Penguin Books, Great Britain, 1978.

【48】Grigson, Jane. Jane Grigson's Vegetables Book, Penguin Books, London, 1980.

【49】Grigson, Jane. Jane Grigson's Fruit Book, Penguin Books, London, 1983.

【50】Grigson, Jane. Jane Grigson's Fish Book, Michael Joseph, London, 1993.

【51】Della Croce, Julia. Pasta Classica: The Art of Italian Pasta Cooking, Chronicle Books, San Francisco, 1987.

【52】Miller, Mark. The Great Chile Book, Ten Speed Press, California, 1991.

【53】Gourley, Genda. Vegetables: a user's guide, NZ Vegetable & Potato Growers' Federation Inc, 2003.

【54】Grigson, Sophie. Eat Your Greens, Network Books, London, 1993.

【55】Grigson, Sophie. Sophie Grigson's Meat Course, Network Books, London, 1995.

【56】Bissell, Frances. The Real Meat Cookbook, Chatto & Windus, London, 1992.

【57】 Cordon Bleu, Meat Cookery, BPC Publishing Ltd, London, 1971.

【58】 Hippisley Coxe, Antony & Araminta, Book of Sausages, St Edmondsbury Press Ltd., Suffolk, 1994.

【59】 McAndrew, Ian. Ian McAndrew on Poultry and Game, Hamiyn, Great Britain, 1990.

【60】 Cox Nicola. Nicola Cox on Game Cookery, Victor Gollancz Ltd, London, 1989.

【61】 Kewillie Kathi. The Illustrated Herb Encyclopedia, Simon & Schuster, Australia, 1991.

【62】 Hemphill. John & Rosemary. Complete Book of Herbs, Chancellor Press, London, 1995.

【63】 Holt, Geraldine. Geraldine Holt's Complete Book of Herbs, Conran Octopus, London, 1991.

【64】 Boxer, Arabella. The Hamlyn Herb Book, Hamlyn, London, 1996.

【65】 Man, Rosamond and Weir, Robin. The Compleat Mustard, Constable, London, 1988.

【66】 Hemphill, Ian. Spice Notes, Macmillan, Australia, 2000.

【67】 Norman, Jill. The Complete Book of Spices, Dorling Kindersley, Great Britain, 1990.

【68】 Coady, Chantal. Chocolate: The food of the Gods, Pavilion Books, London, 1993.

【69】 McFadden, Christine and France, Christine. The Ultimate Encyclopedia of Chocolate, Lorenz Books, London, 1997.

【70】 Nice, Jill. The Complete Book of Home-Made Preserves, Harper Collins, Great Britain, 1995.

【71】 Downer, Leslie. At the Japanese Table: New and Traditional Recipes, Chronicle Books, San Francisco, 1993.

【72】 Salaman, Rena. Greek Food, Fontana, UK, 1983.

【73】 Casas, Penelope. The Foods and Wines of Spain, Penguin, London, 1985.

【74】 Owen, Sri. Indonesian Food and Cookery, Prospect Books, London, 1986.

【75】 Taneja, Meera. Indian Regional Cookery, Mills and Boon Ltd, London, 1980.

【76】 Waldegrave, Caroline and Jackson, CJ. Leith's Fish Bible, Bloomsbury, London, 1995.

【77】 Ingram, Christine. The World Encyclopedia of Cooking Ingredients, Hermes House, London, 2004.

【78】 Werle, Loukie. Australasian Ingredients, Gore & Osment Publications, Australia, 1997.

【79】 Newton, John (ed). Food, the Essential A-Z Guide, Murdoch Books, London, 2001.

【80】 Ferguson, Clare. Food for Cooks, Jacqui Small, London, 2003.

【81】 Pienaar, Heilie. The Karan Beef Cookbook, Struik, Cape Town, 2003.

【82】 War, Susie; Clifton, Claire and Stacey, Jenny, The Gourmet Atlas, Apple Press, London, 1997.

专业厨师必备参考书

厨师专业理论著作

《厨师职业培训教程（第35版）》
译　者：张玄黎
定　价：258.00 元
ISBN：9787518414024

食材经典著作

DK 食材百科全书
译　者：丛龙岩
定　价：268.00 元
ISBN：9787518419562

烹饪食材圣经
译　者：李双琦
定　价：168.00 元
ISBN：9787518420506

海鲜采购食用图鉴
作　者：袁仲安
定　价：88.00 元
ISBN：9787518404742

海味采购食用图鉴
作　者：邝裕棠
定　价：60.00 元
ISBN：9787518404346

厨师专业技能训练用书

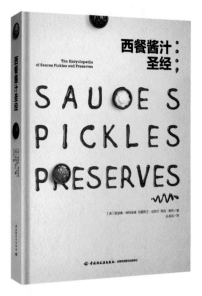

西餐酱汁圣经
译　者：丛龙岩
定　价：258.00 元
ISBN：9787518414246

软欧面包制作教程
作　者：李杰
定　价：88.00 元
ISBN：9787518419609

中式点心制作基础教程
作　者：独角仙
定　价：48.00 元
ISBN：9787518414222

图解韩式裱花技艺
作　者：Myra
定　价：58.00 元
ISBN：9787518420407

图解刀工基础技艺
作　者：陈秉文
定　价：59.00 元
ISBN：9787518420537

图解果蔬盘饰技艺
作　者：杨顺龙
定　价：68.00 元
ISBN：9787518408306

图解食雕造型制作技艺
作　者：许君
定　价：48.00 元
ISBN：9787501984060